小型农田水利
工程管护知识问答

XIAOXINGNONGTIANSHUILI
GONGCHENGGUANHUZHISHIWENDA

郑守仁 总主编

长 江 出 版 社

图书在版编目（CIP）数据

小型农田水利工程管护知识问答/郑守仁总主编.
—武汉：长江出版社，2011.10
（民生水利丛书）
ISBN 978-7-5492-0628-5

Ⅰ.①小… Ⅱ.①郑… Ⅲ.①农田水利—
水利工程管理—问题解答 Ⅳ.①S279.2-44

中国版本图书馆 CIP 数据核字（2011）第 203418 号

小型农田水利工程管护知识问答　　　　　　　　　郑守仁 总主编

出版策划：别道玉　赵冕
责任编辑：江水
装帧设计：刘斯佳　蔡丹
出版发行：长江出版社
地　　址：武汉市解放大道 1863 号　　　　　　　邮　编：430010
E-mail:cjpub@vip.sina.com
电　　话：(027)82927763（总编室）
　　　　　(027)82926806（市场营销部）
经　　销：各地新华书店
印　　刷：湖北通山金地印务有限公司
规　　格：880mm×1230mm　　　1/32　　　6 印张　　　100 千字
版　　次：2011 年 10 月第 1 版　　　　　2011 年 10 月第 1 次印刷
ISBN 978-7-5492-0628-5/S · 32
定　　价：12.50 元

目　录

2

9

小型农田水利工程管护

1. 什么是小型农田水利工程？

小型农田水利工程是指容量在 10 万立方米以下的小水源工程、装机 1000 千瓦以下的泵站工程、流量在 1 立方米每秒以下的水渠工程。主要是小水窖、小水池、小塘坝、小泵站、小水渠等"五小水利"工程。

2. 小型农田水利工程的建设机制和管理机制是什么？

小型农田水利工程建设的资金来源主要有争取国家投资、加大各级财政投入、整合用于农田水利建设专项资金、吸引民间资金等方式，同时大力拓展小型农田水利工程建设投资渠道，以建立多主体、多渠道投资的小型农田水利建设投入机制。

此外，受益区农民个人按照村组内公益事业筹资办法，按照谁受益谁负担的原则，参与小型农田水利工程建设。

在遵循"农民自愿、直接受益、量力而行、合理负担"的原则下，完善"一事一议"政策，鼓励和引导农民对政府给予补助资金的小型农田水利工程项目和农民受益的小型农田水利工程项目进行投工投劳。

小型农田水利工程的管理主要有农民用水户协会、村组集体和农户自行管理三种模式，但主要以协会管理和村组管理为主。

3. 当前我国小型农田水利设施有哪些特点？

(1)从建设时间上看：大多始建于 20 世纪 80 年代以前，随着联产承包制的推进，集体经济和集体调控的弱化，小型农田水利设施的建设有所减缓。

(2)从建设资金来看：农村土地改革以前，小型农田水利设施建设，主要以集体投入为主，政府补贴为辅，改革后，随着政府财力的加强转变为政府投入为主，集体和农民投入为辅。

(3)从建设的质量来看：前期差、后期好，前期建材以土、石料和石灰为主，后期以土、石料、水泥乃至钢材为主。

(4)从管护情况来看：山坪塘优于排灌渠，个体性的优于区域性的，承包经营的优于非承包经营的。

(5)从使用效果来看，类以于管护情况，山坪塘优于排灌渠，个体性的优于区域性的，承包经营的优于非承包经营的。

山坪塘大多数已运行了 20 多年，当时的设计和建设标准比较低，蓄水 1 ～ 2 米深，年久失修，实际蓄水能力有所下降，逢 100 年一遇的旱灾，塘中无水。政府为解决农民的生产生活用水，安装提灌站和补贴电费，但水渠又严重失修，不是堵塞就是渗漏，水要流到水渠末端困难重重。另外，我县属于丘陵地形，下暴雨时集雨迅速水量猛，来得快、去得也快，一般的排水沟是解决不了排洪问题的。但微形排水系统对保障农作物生长还是很有必要的。

4. 小型农田水利工程管理的基本标准有哪些？

按照有关质量与技术标准，做好小型农田水利工程的管护工作，保证排灌泵站、蓄水塘坝安全运行、设备完好，保证渠

道畅通,满足灌溉和排涝需要,应达到以下基本标准:

(1)排灌泵站按照"经常养护、定期维修、养重于修、修重于抢"的原则,对闸门启闭机械、机泵动力设备、电气设备及附属设施每年组织养护维修,定期检查,保证设备完好、运转安全正常。

(2)丘陵山区蓄水塘坝的管护做到坝顶平整、坝坡整齐、无缺损、无乔灌木和高杆杂草。塘坝灌溉涵洞、溢洪道无损坏,运行可靠,保证塘坝安全。塘坝溢洪沟(河)做到沟坡平整、沟内无堆积物,断面保持泄洪标准要求。

(3)各级单位管理的渠道,应达到过水断面无坍坡、无淤积、无障碍物、无农作物种植,渠道保持畅通;配套建筑物和闸门启闭设施完整无损,运行正常。

5. 强化和完善小型农田水利工程管理应采取哪些必要措施?

(1)完善分级管理体制,落实各级管理责任。各级要对辖区内小型农田水利工程统一管理,按照"谁受益、谁管理"的原则,划分事权,落实管理责任,形成一级抓一级,层层抓落实,建立起权责明晰的小型农田水利工程管理责任制。对区县域经济、安全影响较大的和跨镇街小型农田水利工程由县区负责落实管理,由专业管理机构进行管理;跨村小型农田水利工程由镇级负责管护,可委托街水利站负责落实专人管理,同时督促指导村、组落实辖区内小型农田水利工程管理;大量的村级小型农田水利工程由受益行政村负责落实管理,可民主选聘管护人员负责工程管护。农户自用为主的小型农田水利工程,实行"自建、自有、自管、自用"体制。对于实行土地流转的成片农田,其灌排工程由经营者负责管理、维护和更新改造,镇街水利站负责检查和指导。新建小型农田水利工程坚持一建就管,认真落实长效管护。

(2)强化专业管理,积极推进群众管理。小型农田水利工程,要走专业管理和群众管理相结合的道路。一方面,要加强小型农田水利工程管理队伍建设,切实加强镇街水利站建设,加强业务培训,提高基层水利队伍管理水平,充分发挥指导、协调、咨询、规划、服务等职能,做好区域内水利工程管理工作。有条件的镇街,可根据自身情况,按照"管养分开"的原则,组建小型农田水利工程养护队伍,负责境内小型农田水利工程的养护。另一方面,要充分发挥受益区群众参与管理的积极性。近期可选择积极性高、基础条件较好的村组,广泛宣传发动,引导农民自愿组建农民用水者协会。可由村民委员会牵头,通过村民代表会的形式,推荐有一定的组织和管理能力、办事公道、热心公益事业、农民信得过的村民组成农民用水者协会领导班子。建立用水者协会章程、工程维护、水费收缴、财务管理等有关管理制度和办法,完善自我管理的各项规章制度。特别是要充分尊重村民意愿,制定村内小型农田水利工程管理办法,包括管理方式的确定、管护人员的聘用、职责等,以合同形式约定管护人员工资待遇、职责及监督措施。同时,要积极探索借助和依托农村基层已成立的农民协会、农民专业合作组织等民主管理的平台,落实小型农田水利工程管理。

(3)坚持分类管理,合理确定管理模式。排灌泵站、蓄水塘坝和灌排渠道等小型农田水利工程各有其自身特点，宜分类指导，选择不同的管理模式。对于排灌泵站，要聘请专人负责管护，近期重点落实镇级排灌泵站以及村内重点排灌泵站，落实管护人员、明确管理标准、落实管护经费。地处偏僻的村级小泵站闲时可将水泵电机设备拆回集中管理；对于丘陵山区蓄水塘坝，有较大水面、具备养殖条件的，可采取承包、租赁等市场化的经营手段，发包确定经营人，签订协议，一并落实塘坝管护责任。其他蓄水塘坝也要明确管护责任人；对于灌排渠道，灌区的干渠等骨干工程由灌区管理单位负责，管理单位要以加强工程管理责任制为切入点，制定相应的考核标准，强化职工在工程管理上的责任，也可委托所在镇街分解落实管理责任。支渠以下渠道宜由村组落实管理，或由农民用水者协会自我管理，通过"一事一议"，组织和发动群众进行清理维护。

(4)开展日常巡查管护，加强农业用水管理。镇街水利站和村委会对所管辖的泵站、塘坝、渠道等小型农田水利工程，要加强日常巡查管护。每年汛前、汛后分别集中检查一次，在高水位、水位突变等特殊情况下必须增加检查次数，认真做好巡查管护记录。各区县应积极推行计划用水，节约用水，加强用水管理，制定农业灌溉节水水费价格和政策，推进节水高效农业发展。镇街水利站、村委会应当建立健全灌溉、供水管理制度，制定年度蓄水灌溉、供水计划，合理调度，保证库塘蓄水，满足生产、生活用水需要。同时，积极推广水、旱作物节水灌溉技术，逐步推广按灌溉制度定量用水技术。

6.完善小型农田水利工程管理有哪些保障措施?

(1)加强组织领导。区县、镇街水利部门要充分认识加强小型农田水利工程管理的重要性,切实按照当地水利工程管理和保护办法的要求,坚持依法管理,把农水工程管理工作摆上重要位置,全力以赴抓好工作推进。要加强工作研究,多向上级汇报,争取各级政府的重视和支持,力争以政府文件出台本地农水工程管理办法。认真做好与相关部门沟通工作,争取落实小型农田水利工程管理专项经费、考核奖励经费,引导、鼓励、促进落实工程管理。同时,要加强科学管理,有条件的地方要开展管理技术自动化、现代化的研究,努力建立小型农田水利工程管理信息系统,不断提高小型农田水利工程管理的科技含量和现代化管理水平。

(2)建立考核机制。小型农田水利工程工作要纳入区县、镇街水利工作的考核目标,按照分级负责的原则进行管理考核。市水利局按照制定下发的意见,对区县小型农田水利工程管理开展定期检查,近期重点开展农村排灌泵站的考核,重点抽取考核的泵站规模标准是:流量在 2 米^3/秒及以上排涝泵站,流量在 0.5 米^3/秒及以上灌溉泵站以及流量在 1 米^3/秒及以上的灌排结合站。考核结果纳入对区县水利工作考核的计分中,同时作为今后各类农水项目立项的重要依据。各区县也要加强定期检查,并制定相关考核办法,开展对镇街小型农田水利工程管理的考核。

(3)狠抓典型示范。小型农田水利工程面广量大,地点偏远分散,真正落实管理的任务十分繁重,需要较长时期坚持不懈的努力,近期要着力抓好典型示范。各区县要认真挖掘、培育小型农田水利工程管理的典型,抓出一批农村泵站、农村蓄水塘坝管护和小灌区用水管理的典型;抓出一批农民自我民主管理的典型,特别是农民用水者协会的试点。在此基础上,总结适合本地实际的小型农田水利工程管理的路子,同时加大宣传力度,充分发挥典型示范引领作用,带动小型农田水利工程管理工作的整体推进。

7. 什么是病险水闸?

水闸是为城市供水及为工农业生产供水、防洪、防潮、排涝等方面服务的重要基础设施,在社会经济发展中发挥着重要作用。我国水闸大多建成于20世纪50—70年代,由于种种原因,存在着各种安全隐患。据不完全统计,目前我国水闸的病险比例高达2/3,对水闸存在的病险问题进行归类并分析成因,可对病险水闸除险加固工作提供有益参考。

8. 水闸的主要病险种类有哪些?

经对全国水闸安全状况普查及对大中型病险水闸除险加固专项规划成果进行分析,目前我国水闸存在的病险种类繁多,从水闸的作用及结构组成来说,可分为以下9种病险问题。

(1)防洪标准偏低。防洪标准(挡潮标准)偏低,主要体现在宣泄洪水时,水闸过流能力不足或闸室顶高程不足,单宽流量超过下游河床土质的耐冲能力。在原设计时没有统一的技术标准、水文资料缺失或不准确以及防洪规划改变等情况下,易产生防洪标准偏低的问题。

(2)闸室和翼墙存在整体稳定问题。闸室及翼墙的抗滑、抗倾、抗浮安全系数以及基底应力不均匀系数不满足规范要求，沉降、不均匀沉陷超标，导致承载能力不足、基础破坏，影响整体稳定。

(3)闸下消能防冲设施损坏。闸下消能防冲设施损毁严重，不适应设计过闸流量的要求，或闸下未设消能防冲设施，危及主体工程安全。

(4)闸基和两岸渗流破坏。闸基和两岸产生管涌、流土、基础淘空等现象，发生渗透破坏。

(5)建筑物结构老化损害严重。混凝土结构设计强度等级低，配筋量不足，碳化、开裂严重，浆砌石砂浆标号低，风化脱落，致使建筑物结构老化破损。

(6)闸门锈蚀，启闭设施和电气设施老化。金属闸门和金属结构锈蚀，启闭设施和电气设施老化、失灵或超过安全使用年限，无法正常使用。

(7)上下游淤积及闸室磨蚀严重。多泥沙河流上的部分水闸因选址欠佳或引水冲沙设施设计不当，引起水闸上下游河道严重淤积，影响泄水和引水，闸室结构磨蚀现象突出。

(8)水闸抗震不满足规范要求。水闸抗震安全不满足规范要求，地震情况下地基可能发生震陷、液化问题，建筑物结构形式和构件不满足抗震要求。

(9)管理设施问题。大多数病险水闸存在安全监测设施缺失、管理房年久失修或成为危房、防汛道路损坏、缺乏备用电源和通讯工具等问题，难以满足运行管理需求。

9. 水闸病险成因有哪些？

我国水闸数量多、分布广、运行时间长，限于当时经济、技术条件，普遍存在建设标准低、工程质量差、配套设施不全等先天性问题。投入运行后，由于长期缺乏良性管理体制与机制，工程管理粗放，缺乏必要的维修养护，加之近年来全球气候变化，极端天气事件频发，水闸遭受地震、泥石流、洪水等超标准荷载，加剧了水闸病险程度。总的来说，造成我国病险水闸成因主要分为以下5个方面。

(1)大量水闸已接近或超过设计使用年限。我国现有的水闸大部分运行已达30～50年，建筑物接近使用年限，金属结构和机电设备早已超过使用年限。经长期运行，工程老化严重，其安全性及使用功能日益衰退。据统计，全国大中型病险水闸中，建于20世纪50—70年代的占72%，建于80年代的占17%，建于90年代及以后的占11%。

(2)工程建设先天不足。我国大部分水闸建成于20世纪80年代以前，受当时社会经济环境的影响，一些水闸在缺少地质、水文泥沙等基础资料的条件下，采取边勘察、边设计、边施工的方式建设，成为所谓的"三边"工程，甚至有些水闸的建设根本就没有进行勘察设计。另外，当时技术水平低，施工设备简陋，多数施工队伍很不正规，技术人员的作用不能充分发挥，致使水闸建设质量先天不足，建设标准低，工程质量差。

(3)工程破损失修情况严重。我国早期的水闸设计没有统一标准，缺少耐久性设计、防环境污染设计和抗震设计等内容，目前，多数工程已进入老化期，建筑物、设备、设施等老化破损非常严重。同时，在长期运用过程中，由于缺乏资金，管理单位难以完成必要的维修养护，或只能进行应急处理、限额加固，水闸安全隐患得不到及时、彻底的解决，随着使用期限的增长，水闸安全隐患逐年增多加重，久而久之，工程"积病成险"，一些本来属于病害层面的损伤转化为重大险情和隐患。

(4)工程管理手段落后。长期以来，水闸基本上沿用计划经济的传统管理体制，重建设、轻管理，普遍存在责权不清、机制不活、投入不足等问题，许多水闸的管理经费不足，运行、观测设施简陋，管理手段落后，给水闸日常管理工作带来很大困难，一些水闸管理单位难以维持自身的生存与发展，水闸安全鉴定更是无从谈起。国务院《水利工程管理体制改革实施意见》颁布后，近年来水闸工程管理单位逐步理顺了管理体制，完成了分类定性、定编定岗，基本落实了人员基本支出经费和维修养护经费，水闸管理经费虽有所增加，但仍无力负担病险水闸安全鉴定及除险加固费用，无法根本解决病险水闸安全运行问题。

(5)环境污染严重。由于河道水质污染日趋严重以及部分水闸地处沿海地区，水闸运行环境极为不利，受废污水腐蚀和海水锈蚀作用，闸门、止水、启闭设备运行困难，漏水严重，混凝土和浆砌石结构同样受到不同程度的侵蚀，出现严重的碳化、破损、钢筋锈蚀等现象，沿海地区水闸混凝土结构中很多钢筋的保护层由于钢筋锈蚀完全剥离。因此，水体污染加快了水闸结构的老化过程，危及闸体结构安全。

10. 病险水闸的除险加固工程措施有哪些？

针对病险水闸的问题和原因，充分考虑新材料、新工艺和新技术的应用，提出以下除险加固工程措施和建议。

(1) 对于工程等级、防洪标准及设计流量不满足要求但主体结构基本完好的水闸，尽量考虑保留原闸室，按规划批复的工程规模及设计水位，通过加高或增扩闸孔来提高过流能力，其余附属设施相应进行加固改造。

(2) 对于闸室整体稳定不满足规范要求、地基承载能力不足的水闸，可根据地基土的性质采用灌浆、振冲加密等措施提高地基承载力。对已发生不均匀沉降，影响闸门运行的，可采用压密灌浆，用高压浓浆抬动土体及闸基，恢复闸底高程。对由于消能工失效、产生溯源冲刷造成的闸基淘空，需回填砂砾料，采用防渗墙围封后进行灌浆，或拆除局部淘空部位结构，回填处理再予以恢复。

(3) 对于闸基和两岸渗流稳定复核不满足要求的水闸，可通过增加水平和垂直防渗长度、修复或增设出逸段排水反滤等措施进行处理。增加水平防渗长度的方式主要为加长上游防渗铺盖和修补防渗铺盖的裂缝和止水，增设垂直防渗的方式主要为设置高压喷射防渗墙、搅拌桩防渗墙、塑性防渗墙等。对于地基脱空的情况，需采取灌浆措施保证地基与底板紧密接触，避免接触渗流进一步破坏，尤其对淤泥质地基的桩基基础应定期监测脱空情况，及时补灌。对于两岸绕渗的渗流破坏，应改造上下游翼墙或在岸墙背后增设刺墙。

(4) 对于结构老化损害严重的水闸，如果是碳化深度过大、钢筋锈蚀明显且危及结构安全的构件,一般拆除重建;如果局部碳化深度大于钢筋保护层厚度或局部碳化层疏松剥落,应凿除碳化层,对锈蚀严重的钢筋进行除锈处理,并根据锈蚀情况和结构需要加补钢筋,再采用高强砂浆或混凝土修补;如果碳化深度小于钢筋保护层厚度,可用优质涂料封闭;对于表面裂缝,可以表面凿槽,采用预缩水泥砂浆、丙乳砂浆、防水快凝砂浆或环氧砂浆进行修复;对于有防渗要求的结构或贯穿性裂缝,可采用凿槽封闭再钻孔灌浆的方法进行处理。

(5)对于闸下消能防冲设施不完善、损毁严重的水闸,要分析损毁原因,有针对性地改造或恢复消能设施。设计单宽流量过大是消能防冲设施损毁的主要原因之一,在合理设计单宽流量的条件下,可加大海漫长度、宽度、扩散角或加设柴排等设施,使其满足防冲要求。

(6)对于河道淤积严重的水闸,应根据工程经验及水工模型试验,合理设置挡沙、冲沙等设施,制定引水冲沙方式,或通过清淤减轻河道淤积。

(7)对于闸门锈蚀、启闭机和电气设施落后老化的水闸,可根据《水工钢闸门和启闭机安全检测技术规程》、《水利水电工程金属结构报废标准》进行检测后予以报废或更新改造。

(8)对于水闸抗震不满足规范要求的水闸,液化地基可设置防渗墙围封和桩基,防止地基失稳;软土震陷可采用桩基础结合灌浆加以处理;涉及建筑物结构安全时,改造闸室及上部结构形式,使其满足抗震规范要求。

(9)根据水闸运行管理要求,恢复或完善安全监测、管理用房等必要的设备设施。

11. 小型农田水利设施的管护范围有哪些？

小型农田水利设施（包括陂坝、山塘、泵站、机井、排灌渠、末级渠系节水工程、山地水利、管灌、喷灌、微灌等）的管护范围包括新建改造、挖潜配套、除险加固、水毁修复、清淤岁修、维护管理等。

12. 小型农田水利设施的管护组织与职责是什么？

(1)小型农田水利项目产权所在乡镇（街道）、村要逐级建立项目工程管护组织和管护队伍，县领导小组具体承担管护工作的监督评价。乡镇（街道）水利工作站负责辖区内小型农田水利设施的管理工作。项目所在村委会负责村域范围内的小型农田水利设施的管理工作。由受益农户、村组集体或联户组建用水户协会，负责受益范围内的工程管护工作。管护人员数量根据项目工程布局，工作量大小，在确保工程设施在设计使用年限内能安全正常运行的前提下进行配备。管护时限从项目竣工验收开始。

(2)乡镇（街道）、村、用水户协（分）会要结合当地实际情况，制定切实可行的章程、制度和操作性、针对性强的管护细则，并列入各级领导任期目标责任制和年度考核内容。

(3)上级管护组织要经常听取下级管护组织的工作汇报，及时协调解决工程管护中出现的问题，对重大问题或自身无法解决的问题要及时上报上一级领导机构。乡镇（街道）要负责跨行政村的农田水利管理和维护，指导村组加强农田水利管理和维护;村委会要负责支持自然村和用水户协(分)会的农田水利的管理和维护。

(4)县、乡镇(街道)工程管护组织要分别对项目乡镇(街道)、村工程管护情况进行定期或不定期检查。县领导小组办公室一般每半年检查一次,年终进行总评。乡镇(街道)、村应每季检查一次,半年一小结,年终一总评。

(5)项目区范围内的所有坝、塘、渠、沟、喷灌、管灌、泵站等工程,都要实行承包管护,与管护人签定承包合同,明确管护内容、管护标准,明确责、权、利。合同期限可根据实际需要,一般2~5年为一个承包期。

(6)乡镇都要建立工程管护档案,内容包括:管护人员基本情况,用水户情况,工程设施布局情况,管护内容,管护记录和年度考核情况等。

(7)加大项目管护宣传工作,增强群管群护意识,实行"专管"与"群管"有机结合。县、乡镇(街道)、村要采取多种形式,大力宣传工程管护的法律、法规,把工程管护制度纳入《乡规民约》之中,做到家喻户晓,老幼皆知。同时要加强对用水户协会组建工作的宣传,充分调动村民主动参与小型农田水利工程运行管理的积极性。

13.管护人员选聘与管理的原则是什么?

(1)管护人员由本人申请或群众推荐,用水户协会民主选举或竞标产生,报村委会初审,乡镇(街道)审定并报县级管理机构备案。同时要尽量维持管护队伍的基本稳定,没有特殊情况,不得随意更换、削减管护人员。

(2)管护人员须具备的条件：政治素质好，热心公益事业，热爱管护工作，责任心强，办事公道，遵纪守法，身体健康，有一定文化程度，有较好的群众基础。

(3)管护人员应熟悉管护区域各类水利设施布局，工程设施的结构及操作规程，正常维护与特殊情况下的抢修方案，坚守工作岗位，尽职尽责，认真做好运行与管护记录，保证承包管护的工程设施、设备处于良好状态。

(4)管护人员一律实行聘任承包制，由村委会或乡镇（街道）与之签定聘任承包合同，明确双方权力和义务及任务职责。凡不能履行管护承包合同，不能完成管护任务，群众反映强烈，经村委会提出可以解聘，并报乡镇政府（街道办事处）批准，终止其承包合同。

(5)各级管护组织要大力支持管护人员的工作，尽力为他们提供良好的工作条件，加强对各类管护人员的技术培训，不断提高管护人员的管理水平。

(6)乡镇（街道）、村要根据当地实际经济状况，采取多种形式，给予管护人员合理报酬。

14. 农田水利基础设施养护管理包括哪些主要内容？

(1)灌溉设施：灌溉面积1000亩以上的干、支渠，平时每月进行巡查一次，汛期则每周巡查一次，重点检查灌溉渠、渠系建筑物与渠道引水、放水设施等，巡查要有记录，发现问题及时登记并上报涉水工程管护协会。灌溉面积1000亩以下的农渠、毛渠，按照受益农户分段包干管理，平时每月进行巡查一次,汛期则每周巡查 2～4 次,并根据农忙、农闲季节适时调整,日常清淤等一些投入少量工日就可修复的项目,由包干段受益农户自行投工解决。

(2)蓄水工程:枯水期每月巡查一次小型水库、山塘、引水坝等,检查要有记录,发现问题及时向当地乡镇人民政府、县水务局汇报。每年汛前按照防汛指挥部要求,配合市防汛检查小组开展汛前安全大检查工作,重点检查水库、山塘的三大主要建筑物(坝体、溢洪道、放水设施),遇强降雨、大暴雨、特大暴雨时应上坝加强观测,确保水库、山塘安全度汛。

(3)引水工程:

①输水管道周围 5 米内不得从事采石、取土、爆破等危及管道安全的活动。

②引水渠道周围 5 米为保护区,保护区内不得从事采石、取土和爆破等危及渠道安全的活动,且不准栽植树木。渠道两侧按防洪要求设排水沟,每年定期清淤,及时维修。放水闸阀,每年四月初进行全面检查、保养,外露金属件涂漆涂油防锈。

(4)其他农田水利基础设施:平时每季度巡查一次,汛期则增加巡查次数,巡查要有记录,发现问题及时登记并上报涉水工程管护协会。

(5)将工程管护协会对所辖范围的陂坝、山塘、泵站、机井、排灌渠、末级渠系节水工程、山地水利及管灌、喷灌、微灌等所属的水利工程和固定资产交付各农民用水户协会使用和管理,并监督农民用水户协会所辖农田水利工程进行维修、管理及养护。

(6)为各农民用水户协会提供灌排工程服务,如灌区沟、渠、涵、闸等工程的规划、设计、工程质量监督,并协助指导工程施工,协助工程验收。

(7)鼓励农民用水户协会利用新设备,采用新技术、新方法进行科学用水,以求节约用水,并为此提供服务。

(8)监督农民用水户协会的经营状况和财务状况;审核各农民用水户协会的供排水计划并监督其实施;审核农民用水户协会的水价制定;监督其水费的收取及管理。

(9)协会财务协助各农民用水户协会设立财务账目,实行账、款分开管理。设立专门档案,专人管理,专款专用,不得挪用。

(10)监督农民用水户协会各种制度的制定和实施,协调解决各农民用水户协会之间及农民用水户协会与会员之间因灌溉引发的水事纠纷,维护会员的正当权益。

(11)代表会员的利益,向上级有关部门反映他们的意见和要求。

15.管护资金的筹集、管理与使用有哪些原则?

项目工程管护维修所需资金本着"谁受益,谁负责"、"以工程养工程"的原则,走自我积累,自我完善的道路,采取用水户协会自己收取水、电费(会费)、群众集资或项目工程承包租赁、乡镇(街道)财政适当补贴等多种形式筹集,维持管护费用。

16.怎样筹集管护经费?

(1)由县政府出台文件规定,每年按上年征收的堤防维护费总额3%提取管护费,拨入小型农田水利基础设施管护专户。

(2)相关部门向上争取的专项维护补助经费。

(3)各村农民用水户协会每年缴纳的会费和"一事一议"单项计收的会费。

(4)农民用水户协会接受社会各界的捐资赞助。

17. 管护经费使用和管理的规定有哪些？

(1)管护经费使用范围主要用于本辖区内水利、国土、农发、发改、财政、农业等部门组织实施的农田基础设施项目的管理及维护开支。工程管护协会在县财政局设立小型农田水利基础设施管护专户，并可结转下年滚存使用。

(2)管护经费采取"县留乡管村用"的办法，主要用于农田水利基础设施的维修和管护人员的管护费用开支，农田水利基础设施维修限于投资5000元以上5万元以下(含5万元)的工程。对总投资在5万元以上的工程及遭受重大自然灾害损毁需修复的工程，按以往项目申报方式向相关部门申报项目专项补助。管护经费不得用于购置车辆、发放行政事业单位人员工资、补贴及招待等行政事业费用开支，要确保专款专用，使用情况必须公开，任何单位、个人不得截留、挤占、挪用，自觉接受审计检查，对截留、挪用管护经费的，取消下年度管护经费补助，并依法追究法律责任。县水务局、财政局每年要对项目乡镇(街道)、村管护资金的管理和使用情况进行检查。

(3)凡未组建农民用水户协会或协会运作不规范、没有配备专(兼)职管护人员、协会没有签订管护合同、协会没有收取受益农户会费(或管护资金)的、管护成效不明显的，均不得享受区农田水利基础设施管护经费补助。

18. 奖励与惩罚的条件有哪些？

(1)对在工程管护工作中的先进单位和做出突出贡献的个人，以及举报、揭发破坏项目工程设施、设备的人员，将进行表彰和奖励。

(2)因管护人员个人行为，造成管护区的工程严重损毁的，除解聘外，还要追究责任人的责任，并给以经济处罚。

(3)对有意损坏项目工程或不听劝阻寻衅闹事，殴打管护人员的，要视其情节轻重，给予批评、教育、经济制裁，直至追究刑事责任。

19. 蓄水工程包括哪些范围？

(1)拦河引水工程。按一定的设计标准，选择有利的河势，利用有效的汇水条件，在河道软基上修建低水头拦河溢流坝，通过拦河坝将天然降水产生的径流汇集并抬高水位，为农业灌溉和居民生活用水提供保障的集水工程。

(2)塘坝工程。按一定的设计标准，利用有利的地形条件、汇水区域，通过挡水坝将自然降水产生的径流存起来的集水工程。拦水坝可采用均质坝，并进行必要的防渗处理和迎水坡的防浪处理，为受水地区和村屯供水。

(3)方塘工程。按一定的设计标准，在地表下与地下水转换关系密切地区截集天然降水的集水工程。为增强方塘的集水能力，必要时要附设天然或人工的集雨场，加大方塘集水的富集程度。

(4)大口井工程。建设在地下水与天然降水转换关系密切地区的取水工程，也是集水工程的一个组成部分。

小型农田水利的分区治理

20. 山区丘陵地区灌溉系统规划治理的原则是什么？

我国是一个多山国家，包括山地、高原和丘陵在内，广义的山地面积占全国土地总面积的 2 / 3。因此，搞好山丘地区水利规划与治理，对农业生产有着重要意义。

山丘区的特点是地势起伏剧烈、地形复杂、坡度陡；河溪、沟谷、冲岗纵横交错；农田分散，土地贫瘠，地高水低；引水困难，河流源短流急，洪枯水量变化大；暴雨时汇流迅速，经常山洪暴发，产生严重的水土流失，无雨期因沟溪干涸而出现旱象。

总的来说，这类地区存在的主要问题是农田保水条件差，水源不足或分配不均，干旱、洪涝和水土流失等问题突出。但也存在有利的方面：地势起伏，峪谷众多，有利于筑坝建库，蓄水抗旱滞洪；河沟坡度大，可发展水力发电和水力加工；地形坡度大，有利于自流灌溉；宜林宜草面积大，有利于开展综合经营。

21. 山丘区灌溉系统的组成部分和特点是什么？

随着山丘区农业生产的发展，灌溉用水量逐年增加，为了解决供求矛盾，我国不少山区已建成了蓄、引、提相结合的"长藤结瓜"式的灌溉系统，做到以丰补欠，调剂余缺。这种灌溉系统包括三个组成部分：一是渠首引水、蓄水或提水工程；二是输水、配水渠道系统；三是灌区内部的塘堰和小型水库以及泵站。

"长藤结瓜"式灌溉系统具有以下特点：

(1)充分利用山丘区河川径流,利用水库塘坝蓄水,能充分拦蓄和利用当地地面径流、山泉水、地下渗流等水源,供灌溉季节引用。

(2)引水上山,盘山开渠,扩大山丘区灌溉面积,提水补岗,解决岗坡田干旱缺水问题。

(3)充分发挥灌区内部塘坝的调蓄作用,互相调度,互补有无,扩大灌溉面积,并提高塘堰的复蓄次数和抗旱能力。

(4)扎根江、河、湖、库,水源有保证,抗灾能力强。

(5)分散径流,就地拦蓄,有利于滞洪与水土保持。

(6)把非灌溉季节的河川径流引入灌区内部塘库存蓄起来,供灌溉季节农田使用,实行"闲时灌塘、忙时灌田",从而提高渠道单位水流量的灌溉能力。

22. 山丘区灌溉系统的基本形式是什么?

山丘区灌溉系统的基本形式常见的有两种:一种是一河取水、单一渠首的灌溉系统。在依靠灌区内小型塘库调蓄当地径流不能满足灌溉用水的要求,或者河流水源需要进行年调节或多年调节以满足灌溉发电、防洪等综合利用要求时,必须在河流上修建较大的水库,形成大、中、小蓄水工程联合运用的形式。另一种是多河取水、多渠道灌溉系统。这种水利系统不仅由小网发展成大网,而且也逐渐自一条河系发展到几条河系相连,以解决山丘区流域之间水土资源不平衡的问题,成为地区水利规划的重要组成部分。横贯安徽省中部丘陵地区的灌区,就是这类灌溉系统的例子。灌区以几条河流上的五座水库(磨子潭、佛子岭、响洪甸、梅山、龙河口)作为其多河取水的渠首,加上内部的地面径流,通过塘堰和中、小型水库的调节,满足城市和农业用水的需要。

23. 山丘区引蓄结合的灌溉系统中渠系规划布置原则和方法有哪些?

(1)灌溉渠道要与灌区塘、库采取合理的联结形式。渠道与塘库应该根据其所在位置、高程和充分发挥引蓄作用的原则加以联结。在塘(库)高渠低的情况下,高塘只能调蓄本身集水面积上的地面来水,对渠道起补给水量的作用,但是渠水无法自流流入高塘(库)。在塘(库)低渠高的情况下,渠与塘(库)联结后,低塘(库)能够承纳调蓄经由高渠注入的灌溉水或外区地面水,并灌溉塘(库)以下的农田,但是低塘(库)一般无法再将库水送回高渠灌溉高地。

在塘(库)渠高差不大时,渠道与塘(库)的联结,应尽量避免直接穿过塘(库)。否则,会使塘(库)水位随渠水位变动,破坏塘(库)的调蓄作用,且在灌田时又需先充满水库才能向下游输水,影响及时灌溉。只有在渠水位以下的塘(库)容积不大或渠线确实不易绕过塘(库)时才允许渠道穿塘。

(2)要考虑灌区内部中小型水库的反调节作用。引蓄结合的灌溉系统,由于内部存在蓄水设施,其流量推算,除了像一般渠系一样要考虑一定轮作制度下的最大灌水率及灌溉面积以外,还要考虑蓄水设施的调蓄制度。在蓄水设施中,由于塘堰的抗旱能力较低,一般只有 10 ～ 30 天,所有灌溉面积仍须由渠道供水,故在确定渠道设计流量时,不考虑它的调蓄作用。

灌区内中小型水库的调蓄作用应在确定渠道设计流量时加以考虑。这种反调节作用可使渠道流量的变幅比一般引水渠道小,使设计流量值减小,从而使渠道断面减小。

24. 水土保持的意义和作用是什么?

山区和丘陵地区地面坡度较大,如果森林被砍伐,天然覆盖遭到破坏,或垦植后耕作技术不合理,就会使地面保水能力降低,引起雨水的大量流失。雨水对土壤的冲击、浸润与冲刷作用,必然使土壤和成土母质遭到破坏,并随水分流失。这种水分和土壤流失现象叫做水土流失。

水土的大量流失,会给农业生产带来很大危害,引起地力减退,作物产量降低。如在坡地上,水土流失冲走了土壤、肥料,降低了土壤蓄水保墒能力,使土壤肥力逐年降低。在水利方面,由于水土流失,引起河流、水库和渠道的淤积,加重了洪、涝、旱灾,影响水资源的开发利用,给水利工程的建设和管理带来很多困难。此外,水土流失对厂矿、交通和城镇等带来的危害和损失也是严重的。不少铁路和公路,由于水土流失造成塌方,常使交通中断;许多航道常因泥沙的淤塞而失效。

25. 影响水土流失的主要因素有哪些?

一般分自然因素和人为因素两类。

(1)自然因素

①降雨。雨滴对土壤的冲击力和降雨形成的地表径流对土壤的冲刷力,是产生土壤流失的主要动力。降雨总量、降雨强度和降雨量分布都对水土流失有影响,而以降雨强度对水土流失的影响为最大。

②土壤。水土流失量的大小，一方面决定于径流对土壤的冲刷作用，另一方面也决定于土壤的抗蚀性能。质地粘重的无结构土壤透水性差，松散无结构土壤抵抗雨滴的打击和径流冲蚀能力均较差，因此这些土壤的水土流失也较严重。

③地形。地面坡度、坡长均直接影响径流的流速和水土流失量的大小。地面坡度愈陡，流速愈大，径流冲刷能力愈强，土壤流失量愈大。

④植被。植物覆盖可减少土壤结构的破坏和保护土壤免遭雨滴的打击，减少地表径流，减缓径流的流速，改善土壤的结构和增加土壤的抗冲能力。植物覆盖愈好，土壤流失量愈小。

(2)人为因素

人为因素是影响水土流失的重要条件。不合理的经营活动，会使自然条件恶化，加速水土流失；而合理的经营方式，则可以改善自然条件，减少或制止水土流失。陡坡开荒、破坏森林、不合理的耕作方式和不合理的放牧开矿、修筑水利工程等基本建设、随意倾倒废渣等，都会破坏地表土壤和植被，使表土遭受冲刷，造成水土流失。

26. 水土保持措施可以分几种？

水土保持措施可分为工程措施、生物措施和农业措施三大类。为防止水土流失所采取的工程措施有坡面治理工程、沟道治理工程及护岸工程。水土保持生物措施（也称林草措施）主要有造林种草及育林育草两种。水土保持农业措施主要有增加地面糙率为主（等高耕作、沟垄耕作、坑田、水平防冲沟等）的措施，增加植物被覆为主（如等耕作套种、等高带状间作轮种等)的措施,以及增加地面覆盖、增强土壤抗蚀能力为主的措施。

27. 坡面工程措施有哪些?

坡面治理工程有梯田工程、坡面蓄水工程及山坡截水沟等。以下主要介绍梯田工程。为了保持水土,发展农业生产,把坡地改造成台阶式或波浪式断面的田地,叫梯田。坡地修成水平梯田后,可成为保土、保水、保肥的基本农田。

(1)梯田。修筑梯田是山区丘陵地区最主要的一种水土保持措施。按田面的纵坡不同,平整的叫水平梯田,外高里低的叫反坡梯田,下斜的叫坡式梯田。我国的梯田以水平梯田为最多。坡式梯田的水土保持效果较差,多在南方坡地的林地上采用。水平梯田的田面基本水平或向内微倾,水土保持的效果好。

梯田规格的确定,要根据原来的地面坡度和土壤情况而定,同时也要考虑施工和机耕的要求。

(2)水平条田。水平条田是山丘区地面坡度平缓的农田。水平条田的田面形状规整,田面宽度和长度均比水平梯田大,它主要沿等高线方向布设,成水平长条形农田。

水平条田的地块宽度,应根据有利于土地平整、机耕和灌溉等要求,地形坡度陡则田块窄,坡度缓则田块宽。田块长度主要根据农业机械化程度而定,目前以 200～300 米为宜。

28. 沟道工程措施有哪些?

(1)淤地坝。在沟里筑坝,滞洪拦泥,变荒沟为良田,这种坝叫淤地坝,淤成的地叫坝地。淤地坝可削减洪峰,拦蓄泥沙,控制沟床下切和沟岸扩张，以达到合理利用水土资源、变荒沟为农田之目的。由于淤成的农田土壤肥沃，水分充足，抗旱能力强，可提高作物产量。如有灌溉设施，亩产可达千斤以上。

由于坝地是靠洪水落淤而成的，而淤成后的坝地又受洪水威胁，因此，必须注意做好坝地安全泄洪工作。坝地防洪最重要的措施是加强坡面治理，以减少洪水的威胁。在进行坝系规划时，应以一个小流域为范围，沟坡兼治，全面制定治坡与治沟规划，而且从上下游、干支沟全面考虑，因地制宜布设淤地坝，形成一个生产、拦泥、防洪、灌溉的完整坝系。

（2）谷坊。谷坊是在山区、丘陵地区水土流失严重的支毛沟内，修建的高度在5米以下的小坝。其种类分为干砌石、插柳等透水性谷坊和土、浆砌石不透水性谷坊。采用哪一种类型，应根据工程目的、地质、经济、建筑材料、施工条件等情况确定。做谷坊规划时，要沟坡兼治。在石质山区，要先治坡后治沟，避免影响工程的安全和寿命。要注意正确选择坝址。土、石谷坊一般应布设在支毛沟中地质条件好、工程量小、拦蓄径流泥沙多、工程材料充足的地方，植物谷坊应设在坡度平缓、土层较厚、湿润的沟道内。土、石谷坊断面常呈梯形。

谷坊的间距，一般以下一级谷坊顶（即溢水口底）和上一级谷坊脚相平为准则。淤平后，上下两谷坊之间形成水平台地。如沟底坡度较大，可允许在两谷之间淤成具有一定塌度的台地，坡度大小以不发生冲刷为原则。

谷坊的修建与布置，要先上游后下游，先毛沟后支沟，层层修建，节节拦截径流和泥沙，分段控制水土流失，为防止沟道侵蚀和山口崩塌,最好一次修成谷坊群。

(3)沟头防护。为防止沟头前进,应修建沟头防护工程。沟头防护工程一般分为蓄水式和泄水式二类。蓄水式是在沟头上方的一定距离内筑堤挖沟(一道或数道)拦蓄径流,阻水入沟。泄水式带有消能设备,常做成悬臂式跌水下泄入沟,适用于来水量大和蓄水容积不足的地方。

29. 水土保持林草措施有哪些?

采取造林、种草及管理草场的办法,是增加植物覆盖率,改良土壤,维护与提高土壤生产力的水土保持措施。水土保持林草措施有涵养水源,保持水土,改良土壤,提供燃料、饲料、肥料和木料等效益,是促进农、林、牧、副全面发展的有效措施。

(1)水土保持林。凡具有改善生态环境,涵养水源,防止土壤侵蚀,调节河川、湖泊和水库的水文状况,从而促进农、林、牧、副生产发展,保障工矿交通建设与水利等工程安全的人工林和天然林统称为水土保持林。水土保特林是按一定的林种组成,一定的林分结构和一定的形式(片状、块状、带状等),配置在水土流失地区不同地貌部位上的林分。

(2)水土保持种草。播种草本植物是水土流失综合治理措施之一。水土保持种草,可以蓄水保墒,防止土壤侵蚀,提高土壤肥力,提供三料(肥料、饲料和养料),开展多种经营,发展畜牧业,为建设牧业基地奠定基础。

30. 水土保持耕作措施有哪些?

水土保持耕作措施是指在坡耕地上实行蓄水保土的耕作方法。如通常所推行的等高种植、带状种植、水平沟种植、丰产沟、草田轮作、免耕深耕等耕作方法。它的作用，一是拦截地表径流；二是蓄水保墒，不仅保持了水土，更重要的是供给了作物水分。因此，水土保持耕作措施是提高水土流失区农业产量的一项很重要的工作。这项工作可结合农事活动进行。

31. 小流域综合治理的原则是什么？

水土保持的一个突出重点就是以小流域为单元进行集中治理、连续治理和综合治理。小流域是一个产水、产沙的自然单元。因此，一个流域(无论其大小)就是一个洪水泥沙汇集系统，即一个水土流失单元。整个水土流失区，实际上是由许多大大小小的流域汇集在一起而组成的。所以要做好大流域的水土流失治理工作，必须落实到小流域上。而要抓好小流域综合治理，必须科学合理地配置各项水土保持措施，将水土流失控制到最低限度。同时要充分合理利用土地资源，发挥土地优势，在保持水的前提下，把小流域建设成为多目标、多功能、高效益的综合防护体系和经济体系。

水土流失主要是由不合理的土地利用造成的。因此，合理利用土地是小流域综合治理的主要工作。小流域的土地利用，必须符合当地生产发展方向，能充分发挥小流域的优势，使土地得到充分合理利用，水土流失减少到最低限度，从而达到资源的永续利用和土地生产率的不断提高。

(1)农业用地。农业用地所占的比例，要根据人口密度、人均占有耕地、当地农业生产水平以及土地质量情况和粮食自给等情况来确定。确定农田面积后，首先选择地平土层厚、地块完整、有灌溉条件的土地，作为基本农田；其次选择坡度较缓、离村较近、土层较厚的成耕地,有计划地修成梯田,并采取措施不断提高地力,以增加粮食生产。

(2)林业用地。林业用地从长远来看对流域内未来生态环境的改变,以及林业生产在大农业生产结构中的比重有决定性的影响。在水土流失区主要是营造水土保持林,达到防护目的。此外,还有薪炭林和经济林。林地规划要充分利用空间,立体配置乔、灌、草,以增加覆盖率,同时要充分考虑经果林的比例。

(3)牧业用地。根据当地自然条件、土地资源情况和发展畜牧业的需要,规划牧业用地。首先,选择一部分退耕地或贫瘠低产的缓坡耕地,种植当地优良的乡土草种或引进优良草种作为割草地,供养殖业使用;其次,选择一些坡度较缓、宜于放牧的用地作为放牧草场。

(4)综合治理措施配置。综合治理措施配置就是对各项治理措施进行具体研究和布局,根据各地块的自然条件和水土流失状况,先在平面位置图上布置相应的水土保持措施,然后再根据各地块土壤侵蚀危害大小、治理的难易程度和工程量的大小、受益快慢、工程间的相互关系、人力物力、实施顺序及实施进度,经过综合平衡,进行相应调整。

各项措施的配置,要因地制宜,有主有次,互为补充。对于坡耕地,一般以修筑水平梯田等工程措施为主,建设基本农田,同时实行科学种田和保水保土耕作措施;对于荒山荒坡和退耕陡坡耕地,可以植物措施为主,种植生态效益、经济效益兼优的林草和经济林果,辅之以小型水保工程措施;对于沟道,修筑坝库、谷坊、沟头防护等工程,拦截径流、泥沙,淤地造田,同时种植护沟、护岸、护坡植物。措施配置一定要从实际出发,不能一个模式,最终要形成一个多目标、多功能、高效益的治理开发体系,发挥群体功能。既全面有效地控制不同部位和不同形式的水土流失,又能充分合理地开发利用资源,促进小流域农、林、牧、副、渔各业生产的协调发展,取得最大的生态效益、经济效益。

32. 南方平原圩区的规划治理有哪些要求?

我国南方平原圩区主要指沿江(长江、珠江等)、滨湖(太湖、洞庭湖等)的低洼易涝地区以及受潮汐影响的三角洲。这些地区土壤肥沃,水网密布,河湖众多,水源充沛,一般年份雨量较多,气候温暖。

平原圩区的特点是地形平坦,大部分地面高程在江、河(湖)的洪、枯水位之间;有的圩区地形四周高、中间低,状似锅底,汛期外河水位常高于农田地面,圩内渍水无法自排,易涝易渍;特大洪水年份,圩堤常决口成灾,造成外洪内涝;圩区地下水位高,有的农田常年渍水冷浸,对作物生长极为不利。另外,由于年内降雨分布不均,也经常出现干旱。

南方圩垸地区治理虽然已取得很大成效,但仍有不少地区的洪、涝、旱、渍灾害尚未彻底消除。有些圩区洪水出路尚未解决,一遇暴雨,涨水快而猛,加以圩堤防洪标准不够,隐患多,还有一些圩区由于配套工程未跟上,不能充分发挥工程效益,有的围垦无计划等,这些问题的存在,亟待尽快解决。多种经营,如交通道路、航运、水产养殖、绿化造林和村镇建设等方面的工作都有待加强。因此，平原圩区的规划治理必须在防洪的基础上，主攻涝渍，抓好农业水利建设，做到能排、能蓄、能灌，为农业生产的发展创造良好的条件。

平原圩区的治理主要内容包括防洪、除涝和灌溉等方面，下面着重介绍圩外防洪规划、圩内除涝规划和中低产田的改造治理三个方面的经验和方法。

33.平原圩区防洪圩堤整修要求是什么？

(1)防洪标准

堤防防洪标准的高低应根据防护对象的重要性、历次洪水灾害情况及政治、经济影响，结合防护对象和工程的具体条件，并征求有关方面的意见。

目前，在进行堤防设计规划时，一般用实际年法和频率法两种方法确定具体的堤防设计标准。滨海平原圩区的海堤，以防台风暴潮为主，其设计标准各省均有具体规定。

(2)堤距和堤防高程的确定

河道两侧圩区的堤距，要能通过设计洪峰流量。若采用的堤距较窄，则设计洪水位较高，河道水流较急，修堤土方量较大，但圈围河滩地较少；若采用的堤距较宽，则相反。堤距的选择应根据当地条件，方案经比较后确定。

堤防多采用梯形断面。对于隐患较多的旧堤、迎溜顶冲的险段，边坡应适当加大。堤防的背水坡应当和临水坡相同或较临水坡平缓，以利于浸润线溢出堤坡。

34.平原圩区防洪联圩并垸怎样进行?

将面积小、布局不规则、堤身矮小、防洪标准低、堤线长的圩垸合并成较大的圩垸,称为联圩并垸。水网圩区,对于圩区面积较小,防洪任务大,采用联圩并垸,把影响泄洪且流量不大的支流叉河,用筑堤或建涵闸堵塞,使相邻分散的小圩并成一个大圩。

在有的地区的骨干河道之间建立大联圩,大联圩中有小联圩,大联圩的圩堤防洪标准高,平水年不封闭。小联圩抗御一般洪水及排涝防渍,两级联圩,分级控制使洪涝分开,提高防洪治涝标准,减少圩堤工程量。联圩并垸的主要作用是:

(1)缩短堤线,减轻防洪负担,有利于集中防守,重点加固,减少圩堤的入渗量,从而也可减轻排水负担,有利于控制水位。

(2)联圩后把一部分原是外河的水面包进了大圩内,增加圩区滞涝容积,提高治涝能力。

35. 联圩规划注意事项有哪些?

(1)联圩并垸是防洪措施,也是圩区规划问题,大圩区水系可统一规划,便于综合利用;无分片分级控制要求的各小圩间的圩堤可拆除,以增加农田面积。

(2)不堵断主要河道,以免影响泄洪和通航。

(3)注意圩内外水面积的适当安排,较大的湖泊原则上不要并入圩内。圩内水面积的大小,与所在地区的河网密度有关,一般以圩内面积的10%左右为宜。

(4)联圩大小要考虑圩内地形与外河水位的变幅。圩内地面高差大,联圩应小些,以减少圩内分级控制建筑物。汛期外水位较高,从防洪考虑,联圩应大些。

(5)要考虑原有的排灌站的位置,尽可能使排灌站仍位于圩边,以便运用。

(6)适当照顾行政区划,以便管理。

36. 撇洪的主要作用是什么?

在山坡地傍山圩田修建撇洪沟或截水沟,是拦截山城河流上游的洪水,使之直接自流泄入江河(或海洋),不再流入平原农田或湖泊的工程措施。这是我国平原圩区防洪除涝的一项成功经验。其主要作用有:

(1)撇洪可使河流与湖泊或圩垸分开,实现山圩水分家,以减少湖泊或圩垸的集水面积和相应来水,为改善沿湖农田除涝排水和计划围垦湖滩创造条件。

(2)撇洪可达到高低水分开的目的,减少圩区抽排面积、设备和费用,减少山洪对山坡地的冲刷。

(3)有些撇洪沟可以利用截蓄的山洪进行灌溉和通航。撇洪工程不仅效益显著,而且还具有占地少、移民少、工程需要材料少和便于分期实施等优点。

撇洪工程主要包括撇洪沟(河)及其上的溢洪、泄洪建筑物等。撇洪沟一般要环山布置,撇洪沟沿线要与蓄洪、滞洪等工程构成统一的体系,做到以撇为主、撇蓄结合。在地形条件允许的情况下,可采用适当分散的分段方式,开挖撇洪沟减少占地和节省工程量。撇洪沟出口,一般应比外江(河)水位高,以便自流排水。在线路选择上,撇洪沟应尽量沿等高线适当取直开挖。另外,撇洪沟的位置应尽量避免石方、高填深挖,同时应避免修建过多的交叉建筑物。撇洪沟出口位置过低,应建闸控制,以防外水倒灌。

37. 分洪与蓄洪垦殖的战略意义是什么?

分洪蓄洪是江河中下游一项极为重要的战略性防洪措施。目前,江河中下游主要靠堤防保护着两岸农田和城镇工矿,但现有的堤防只能防御一定标准的设计洪水,一旦发生特大洪水,人们必须有计划地采取分洪蓄洪措施,牺牲部分圩区,借以增大行洪断面或蓄洪容积,确保江河沿线广大圩区的安全,把洪水灾害限制在最小范围之内。

分洪蓄洪包括上游水库蓄洪、中下游利用湖泊分洪以及蓄洪垦殖等措施。蓄洪垦殖就是通过建闸对江湖分开控制,在滨湖的滩地上进行围垦。一般年份,江河流量不超过下游堤防所允许的安全泄量时,保证围垦区的农业生产;大水年份,利用围垦区洼地滞洪蓄水,削减洪峰。分洪蓄洪工程规划应在流域规划的基础上进行,同时要注意以下几点:

(1)分洪区的位置应尽量选在被保护地段的上游,以发挥最大的防护作用。

(2)尽量选择圩内的洼地、蓄洪容积大、淹没损失和筑堤费用少的地段分洪,这样分洪效果显著;同时,蓄洪沉淀可抬高老垸地面高程,改善今后的垦殖条件。

(3)在工程布局上要抓住主体工程的规划和它们之间的联合运用,使各项工程的作用充分发挥。

38. 圩区内部除涝规划怎样制定?

(1)洪涝分开、综合治理

在洪涝灾害并存的地方,必须按照洪涝分开、防治结合、因地制宜、综合治理的原则,采取蓄泄兼顾、调整水系、整治骨干排水河道、扩大洪水出路、巩固防洪堤防等措施。洪涝分开，将高水河规划为行洪河道，低水沟规划为排水河道，把洪水干扰排除在外。

(2)坚持预降，蓄洪滞涝

预降内河水位，腾出一定的河槽容量，承接暴雨，可避免圩内水位猛涨成灾，达到除涝的目的。滞涝预降标准一般定为低于最低田面1.0米左右。如需控制地下水位，还应再低一些，适宜的预降深度应因时因地而异。

(3)高低分开，分片排涝

圩内排水要将高地和低地分开，勿使高地径流侵入低地，加重低地灾害。要尽量使抽排面积最小，并应充分利用外河低水位时抢排涝水，以减少抽排运行管理费用。在规划时应考虑在高低分界处划分梯级，建闸控制，等高截流，做到高低分开、分片控制、分片摊涝，使各片自成水系的同时，又能灵活调度排泄，达到高水高蓄高排、低水低蓄低排。

(4)自排抽排并举，相机抢排

在汛期，圩区的外河水位高出地面难以自流排涝，需要配备机电动力进行抽排。规划时，应尽量利用和创造自流排水的条件，缩小抽排范围，以减少机电动力设备和抽排费用，力求自排抽排并举，相机抢排。

(5)降低地下水位

这是圩区排水的另一重要的任务，其主要措施有：

①田间灌溉渠和排水沟应建成两套系统，使排水沟经常保持较低水位，发挥控制地下水位的作用。

②水稻及旱作物分片种植,并在交界处开挖截渗沟,以免稻田渗漏对旱作物产生不利的影响。

③合理确定排水沟(管)的深度与间距,以便有效地控制地下水位和调节土壤水分状况。

39.平原圩区中低产田的改造治理措施有哪些?

渍害低产田主要分布在沿江滨湖、滨海和江河下游低洼平原、水网圩区以及山丘冲垄盆地等地区。

由于形成渍害低产田的原因是复杂的,所以低产田改造是一项多元化的系统工程,必须因地制宜,综合治理。具体治理措施简介如下:

(1)排水降渍

渍害低产田治理的基本措施是排水。江苏省平原圩区开挖好农田一套沟,深沟密网,排水降渍,结合秋播高标准地挖好田内的三沟,即竖墒、横墒、腰墒(沟深0.4米,田块中心开挖的墒沟深达0.6～0.7米),以及田外的隔水沟、导渗沟、排水沟,达到"一方麦田,两头排水,三沟配套,四面脱空"的标准,将地下水位降至地面以下1米深度,排水迅速,渍害防治效果显著。

(2)鼠洞排水防涝渍,控制土壤水分

近几年来,我国不少省(市)都在积极推广鼠道排水技术,它具有投资小、用工少、见效快、效益高等优点。

(3)实行灌排分开,水旱分开

灌排两套系统各自独立,既能保证浅水勤灌、提高灌水质量,又能控制降低排水沟道水位,改善土壤中的水分状况。

(4)加强水利管理,控制河网水位

平原圩区农田要求控制地下水位,须从控制河沟水位入手。河沟水位一般应比棉、麦各生育阶段的适宜地下水埋深至少再低0.2米,即冬季一般控制在麦田田面以下0.7～1.0米,春季1.2～1.5米;棉花苗期0.7～1.0米,蕾期1.4～1.7米,花铃期到成熟期1.7米。为此,必须加强水利管理,控制好河网水位。

(5)抓好工程配套,保证排水通畅

排水工程只有全面配套,才能发挥效益,应力求从大中型闸站、桥梁到农田一套沟;充分发挥其排水、防渍的作用,才能保证排水通畅无阻。

(6)建设农田林网,生物排水降渍

据测定:在林网保护范围内,平均风速降低30%,气温降低1～2℃,而且还能涵养水源,防治风沙,保持水土,提高农田抗御自然灾害的能力。因此,建设农田林网是农业高产稳产的一项重要措施。

(7)合理耕作,秸秆还田,改良土壤结构

对于低洼易涝易渍低产田土壤,应增施新鲜有机肥,保持原有养分含量,促进老化的有机质活化更新,提高土壤熟化程度和供肥能力。秸秆还田、人工积肥及合理使用磷肥,可以改变土壤的物理性质。此外,因地制宜地推广免(少)耕、机械开墒等新技术,效果也好于免(少)耕技术,可以减少机械耕翻、碾压,少破坏土壤团粒结构,增强土壤渗透性能,从而减轻渍害。据调查,免(少)耕稻田增产不显著,但免(少)耕麦田可以早播、早发、增产。

40. 北方平原地区综合治理的原则是什么?

北方平原地区广大群众在与洪、涝、旱、碱等灾害长期斗争的实践中,加深了对自然规德的认识,创造和积累了丰富的经验,总结本区的治水经验,可概括为以下治理原则:

(1)因地制宜,洪涝旱碱综合治理。北方平原地区虽然具有许多共同特点,但由于所处的自然地理位置和气象条件的差异,各地存在的问题是不相同的。因此,必须根据各地区不同部位的具体条件,因地制宜,分区治理。涝、旱、碱之间存在互为因果、互相制约的关系,单一的治理措施,不仅不能全面解决治水改土问题;在一定的条件下,反而会产生不良后果。片面强调灌溉而忽略防碱,有灌无排,或灌溉不当,将会招致土壤盐碱化;片面强调灌溉蓄水,忽视排水,也容易加重洪涝灾害;片面强调排水,降低地下水,而忽视蓄水保水,干旱问题就会突出。

(2)全面规划,正确处理排、灌、蓄之间的关系。在进行地区综合治理规划时,必须对地面水的利用和地下水的开发进行全面规划,充分利用地面水和合理开发地下水。

(3)水利措施与农林等措施密切配合。为了做到旱、涝、碱兼治,治水改土结合,达到农业增产的目的,水利摧施还必须与农业、林业、牧业措施等密切配合,建立良性循环的农业生态系统。

41. 北方平原地区综合治理措施有哪些?

对北方平原地区普遍存在的水资源短缺问题,首先应采取综合节水措施,挖掘地区内部水资源潜力,并争取外来水源。

对另一个较普遍的中低产田改造问题,采取综合性的改造措施。

42. 怎样对涝渍区进行综合治理?

(1)砂姜黑土区。砂姜黑土是黄淮海平原中低产土壤之一, 主要分布在我国南北过渡带的淮北平原上。本地区涝旱灾害并存,且发生频繁,而涝灾出现的机会大于旱灾。砂姜黑土的质地粘重,有机质含量低,物理性能差,遇雨很快吸水膨胀,使土壤表层渗透性能降低,雨水难下渗,极易产生涝渍。土壤毛管性能弱,一般上升高度只有0.8~1.0米,土壤易干旱。本区地下水较丰富,水质好,埋深较浅,有利于抗旱使用。区内地形低洼,且有许多封闭洼地,自然排水条件差,加上河道排水标准低,一般很难将地下水位降得很低。土壤有机质及矿质养分含量低是限制作物生长的重要因素。

根据砂姜黑土易旱、易涝、土壤物理性能差,有机质及矿质养分低等特点,应采取水利措施与生物措施相结合的办法"治水改土",以达到旱、涝、渍综合治理的目的。在水利措施方面,应建立配套完整的排水系统,田间排水网设计时应在试验的基础上,因地制宜地确定沟深、沟距。

在改土方面,采用增施有机肥结合深耕深翻,大力发展绿肥,有条件的实施秸秆还田,对土壤理化性状的改善效果很明显。此外,增施化肥、实行氮磷配合施用技术以增加土壤肥力,增产效果明显。

(2)渍区和沼泽地。涝渍一般有三种类型,即沼泽型,系指地面长期积水,严重影响作物种植而成为低产田,如沼泽和洼地周边的耕地;雨涝型,指作物生长期因雨涝积水而受淹减产者,如平原地区因排水出路不畅的低洼地等;暗渍型,指地下水位过高影响作物正常生长而减产者,如东北的"哑涝"耕地及山前泉水溢出带等。

各种类型各自的特征是不同的,但在治理措施上,有很多相同点,如排除积水,控制地下水位,采取合理的耕作制度,合理施肥,改善土壤质地等。不同类型涝渍区在治理过程中,在细节方面是有差别的,如沼泽土具有吸水性强、透水性弱,失水后干缩强烈,含氮量高、含磷钾少,土壤呈酸性反应等特点。治理时,排水沟间距应小一些,排水时地下水位不宜降得过低,要施碱性肥料等。而其他类型涝渍区,在排水规格、施肥种类、耕作等方面就和沼泽土改良不同。

43. 怎样对盐碱区进行综合治理?

我国盐碱地主要分布在西北内陆盆地和华北、东北及滨海地区,总面积约2亿亩,其中已耕地约占一半,为近期治理的重点。

盐碱区治理,最基本的措施是排水,因为土壤盐渍化是个相当活跃的过程,盐化和脱盐、碱化和脱碱与水分状况的变化密切相关,已经盐化或碱化的土壤经过治理脱盐或脱碱了,但如未控制好水的运动,会引起次生盐渍化。

根据北方平原地区盐碱地的特点,治理措施可归纳为三种类型。

第一类是华北、东北地区盐碱地。这一地区由于受季风影响,经常春旱秋涝,土壤中盐分的聚集有着明显的学节性和表聚性,而且很多是属于经过长期不合理灌溉斟厉的次生盐渍土。治理的措施是：合理控制浅层地下水，做到排灌配套、井渠结合；同时，采取精耕细作、增施有机肥和种植绿肥等农业措施及营造农田防护林网，并结合化学改良土壤措施，进行综合治理，以降低土壤特别是表土层的含盐量。

第二类是西部内陆盐碱地。这个地区的盐碱地多处于封闭性和半封闭性的内陆盆地，由于缺乏排水出路，加上不合理的灌溉和强烈的蒸发，加剧了土壤表层的积盐过程。治碱的主要措施是解决排水出路，建立排水系统，积极营造农田防护林。有些地方明沟排水困难，则采用竖井排水、暗管排水，辅以生物排水。

第三类是滨海盐碱地。这类盐碱地的土壤含盐量大，加上有潮水顶托，排水困难。治理方法首先是筑堤建闸，防潮水入侵；然后在内部修建灌排系统，进行引淡排咸，洗盐种稻，结合农业、林业措施加速土壤脱盐过程。

总之，多年来的治碱经验表明，任何一种单项治碱措施都难获得很满意的效果，同时也不应把综合治理的要求规定在一个固定的框框里。就以综合治理与合理种植相结合而论，要根据不同的自然条件宜粮种粮、宜草种草、宜林造林、宜苇植苇、宜稻栽稻，因地制宜建立各种类型的种植利用方式以及最合理、最经济的生态类型。

小型水库的安全管理

44. 水库涵盖哪些范围？

水库，是指由挡水、泄水、输水、发电建筑物，运行管理配套建筑物，水文测报和通信设施设备，以及库内岛屿、库区水体和设计洪水位以下土地等组成的工程体系。

45.哪一级政府主管小型水库的监督管理工作？

县级以上人民政府水行政主管部门负责水库的监督管理工作。

县级以上人民政府交通、渔业、环境保护、旅游等行政主管部门依照各自职责，做好水库的有关监督管理工作。

国家投资兴建的大型、中型和重点小型水库归口由县级以上水行政主管部门管理，其他小型水库由县级水行政主管部门按现行体制确定归口管理单位。

46.其他单位或者个人投资兴建的水库由谁管理？

其他单位或者个人依法投资兴建的水库由建设者自行管理，但水库的防洪调度和大坝安全必须接受水行政主管部门的业务管理。对电力系统的水电大坝安全的管理，国家另有规定的，从其规定。

水库或者水库受益地区跨行政区域的，原则上按现行管理体制进行管理，有关地方和单位的关系由共同的上级人民政府协调。

47.水库防洪保安实行行政首长负责制的意义何在？

水库防洪保安的第一责任人是对水库有管辖权的人民政府或者有关的下级人民政府的主要负责人。

当水库出现险情时，当地人民政府必须全力组织抢险。

48. 新建水库为什么要按有关规定进行蓄水安全鉴定并注册登记？

新建水库在进行蓄引水验收前，应当按有关规定进行蓄水安全鉴定。

新建水库竣工验收后应当进行大坝注册登记。

建立水库大坝安全鉴定制度。大坝投入运行后，应在初次蓄水后的 2～5 年内组织首次安全鉴定，其后应当每隔 6～10 年组织一次安全鉴定。

中、小型水库分别由省、市、县水行政主管部门负责水库蓄水安全鉴定、大坝注册登记和大坝安全鉴定。登记、鉴定情况报上一级水行政主管部门备案。

49. 为什么要编制水库防洪调度规程？

水库的管理单位应当根据工程设计、工程现状和流域防洪方案，按照"兴利服从防洪，下游河道行洪服从水库安全"的原则，编制水库防洪调度规程，按管理权限分别经省、市、县水行政主管部门审核后，报同级防汛指挥机构批准执行。

水行政主管部门应当对所管辖水库可能出现的垮坝形式、淹没范围和灾情损失做出预估，制定相应的风险图和应急处理预案，报同级人民政府批准，在紧急情况时执行。紧急预案的调度实施，必须分别经有关防汛指挥机构批准，并报上一级防汛指挥机构备案。

水库防洪调度规程和防洪应急预案，一经批准，任何单位和个人不得擅自变更。

50.以发电为主的水库在防洪期间应该服从谁的统一指挥?

以发电为主的水库,其汛限水位以上的防洪库容运用及洪水调度运用,必须服从有管辖权的防汛指挥机构的统一指挥。

51. 水库下泄洪水时,下游有关人民政府应当做好哪些安全工作?

水库执行紧急预案调度下泄洪水时,下游有关人民政府应当配合做好预警、转移撤退、分洪等工作,把灾害损失减少到最小程度。

52. 下泄洪水造成行洪河道内的淹没损失,国家及有关单位会承担赔偿责任吗?

任何单位和个人不得在水库下游的行洪河道内设障阻水,缩小过水能力;不得在水库下游的行洪河道内垦殖。水库工程管理单位按经批准的调度规程和防洪应急预案调度,下泄洪水造成行洪河道内的淹没损失,国家及有关单位不承担赔偿责任。

53.有严重质量缺陷的病险水库在水库脱险之前应该如何处置?

尚未达到防洪防震标准或有严重质量缺陷的病险水库,在水库脱险之前,水库管理单位必须采取控制运用或者其他措施,保证水库安全。

对符合国家规定降等运行或报废条件的水库,水库主管部门或所有者应按有关规定履行报批手续,并做好善后处理工作。

老化失修的渠系建筑物,在险情解除之前,水库管理单位应设立警示标志。

54.水库水文资料和监测资料为什么要规范整编分类建档?

水库管理单位对水库工程的安全监测、防洪调度、遥控遥测、通信等设施设备应当每年检修、校正、核定,制定安全维护计划,落实具体措施,确保工程安全运行。水库水文资料和监测资料必须规范整编,分类建档,不得遗失。

55.水库工程管理和保护范围按什么标准划定?

工程管理范围:库区设计洪水位以下的土地和库内岛屿;主坝、副坝及其禁脚地和溢洪道(主坝为坝高的7～10倍,副坝为坝高的5～7倍,溢洪道两边为开口面的3～5倍);渠道及其禁脚地(填方自外堤脚线,挖方自开口线算起,干渠为线外10米,支渠为线外5米)。

工程保护范围:主坝两端各200米,禁脚地以外100米;副坝两端各100米,禁脚地以外50米;溢洪道管理范围以外50米;渠道从禁脚地外沿算起,干渠20米,支渠10米;涵闸、涵洞、隧道、电站从建筑物外治算起,大型为周围500米,中型为周围300米,小型为周围100米;渡槽槽身投影面两侧,大型为30米,中型为20米,小型为10米,渡槽两端大型为200米,中型为100米,小型为50米。

56.水库工程在紧急抢险时,可以在工程保护范围内取土(砂、石)吗?

水库工程在紧急抢险时,经县级以上防汛指挥机构批准,可以在工程保护范围内取土(砂、石),任何单位和个人不得阻拦。

57. 在水库工程保护范围内修建防洪、灌溉、旅游等工程由哪一个主管部门审查?

确需在水库工程管理、保护范围内修建防洪、灌溉、供水、发电、航运、养殖、旅游等工程及其设施的,应当符合防洪规划、大坝安全管理和水土保持管理的要求,并经有管辖权的水行政主管部门审查同意。

经批准在库区兴建的基建项目,工程竣工后留下的取土场、开挖面和弃土废渣存放地,建设单位应当按照水土保持方案规定的内容植树植草,保持水土,恢复和改善生态环境。

58. 哪些危害水库工程安全的活动被禁止?

(1)侵占和损毁主坝、副坝、溢洪道、输水洞(管)、电站及输变电设施、涵闸等工程设施。

(2)移动或破坏观测设施、测量标志,水文、交通、通信、输变电等设施设备。

(3)在坝体、溢洪道、输水设施上兴建房屋、修筑码头、开挖水渠、堆放物料、开展集市活动等。

(4)在工程管理和保护范围内爆破、钻探、采石、开矿、打井、取土、挖砂、挖坑道、埋坟等。

(5)损毁渠道、渡槽、隧洞及其建筑物、附属设施设备。

(6)在渠堤上垦植、铲草、移动护砌体。

(7)在水库内筑坝拦汊,分割水面,或者填占水库,缩小库容。

59.为什么不能擅自到水库设计洪水位以下种植农作物，或从事其他生产经营活动？

擅自到水库设计洪水位以下种植农作物，或者从事其他生产经营活动，水库按调度规程蓄水对其造成淹没损失的，政府及水库管理单位不承担赔偿责任。

60.改变或者部分调整水库功能和水库特征水位应向哪些部门申请批准？

确需改变或者部分调整水库功能和水库特征水位的，应当经过充分论证和经有管辖权的水行政主管部门审查批准。

确需利用水库坝顶兼作公路的，须经水行政主管部门进行技术论证和批准。属于专用公路的，由专用单位负责养护；属于乡道的，由乡镇人民政府负责养护；属于国道、省道、县道的，由公路管理机构负责养护。

61.变更水库已有的灌排系统应向哪些部门申请批准？

水库已有的灌排系统不得随意变更。任何单位和个人不得擅自在渠道上增设和改建分水、提水、控水建筑物。确需改建、扩建的，必须符合水利规划，并经水库管理单位同意，报有管辖权的水行政主管部门批准。

62.非管理人员能够随意关闭闸门和阻挠管理人员启闭闸门吗？

禁止任何单位和个人在渠道内乱挖乱堵、输水、抢水、阻水。禁止非管理人员启闭闸门和阻挠管理人员启闭闸门。

63. 按规定向水库管理单位交纳的水利工程水费可以随意减免吗?

水库向农业、工业、城镇生活供水和水电站利用水库蓄水发电的,应当按国家和省有关规定向水库管理单位交纳水利工程水费,任何单位和个人不得随意减免和挪用。

依靠水库供水的单位,应当事先与水库管理单位订立供水与交费合同,并按标准安装计量设施。

64. 哪些活动在水库、渠道水域内被严格禁止?

(1)直接或间接排放污水、油污和高效、高残留的农药,洗涤污垢物体,浸泡植物等。

(2)施用对人体有害的鱼药。

(3)倾倒砂、石、土、垃圾和其他废弃物。

(4)国家法律法规禁止的其他活动。

65. 对水质有污染的企业怎样处置?

禁止在水库周边兴建向水库排放污染物的工业企业。原已建成投产的,应当限期治理,实现达标排污。不能达标排污的,限期搬迁。

禁止水库周边的楼堂馆所及旅游设施直接向水库排放污水、污物。确需向水库排放污水的,必须采取污水处理措施,经环保部门验收达到排污标准后方可排放。水库管理单位应当配合环保部门定期检查,发现未达到排污标准的,限期采取处理措施;逾期拒不采取处理措施的,由环保行政主管部门会同水行政主管部门依法处理。

利用水库资源开发旅游项目的,应当由县级以上人民政府组织水利、旅游、环保等部门制订规划。开发的旅游项目不得污染水体、破坏生态环境。

有城镇生活供水任务的水库，由有管辖权的水行政主管部门划定生活饮用水保护区，设立标志。区内禁止从事污染水体的活动。

利用水库进行水产养殖、科学试验的，必须事先经过水库管理单位同意，有偿使用。水产养殖、科学试验不得影响大坝安全和污染水体。

66. 水库管理有哪些处罚规则？

拒绝进行水库蓄水安全鉴定、大坝注册登记和大坝安全鉴定的，由县级以上水行政主管部门给予1000元以下的罚款；对直接责任人依照有关规定给予行政处分。

从事污染水体的活动的，由县级以上水行政主管部门责令停止违法行为，限期采取补救措施，可并处1000元以下罚款。

水库管理人员玩忽职守、滥用职权、徇私舞弊的，由水行政主管部门或者人民政府给予行政处分；构成犯罪的，依法追究刑事责任。

67. 小型水库存在的安全问题有哪些？

新中国成立以来，在党和政府的领导下，通过兴水利除水害，全国修建了大批小型水库。例如：兴安县共修建水库工程42座。其中于1994年垮坝一座(小(二)型)，现存41座。41座水库中小(一)型水库13座，小(二)型水库26座。这些水库工程为兴安县的经济发展特别是农业生产作出了较大的贡献。但是这些水库工程当中除两座大中型水库的安全管理及其设施完善外，其余小型水库的安全状况十分令人担忧。小型水库的安全问题主要存在以下问题：

设计质量差

兴安县现有小型水库39座，其中小(一)型13座，小(二)型26座。通过认真查阅兴安县的水库档案资料，并拜访大量的水利行业的老前辈，发现所有的小(二)型水库均为无设计建设。所有小(一)型水库的设计都非常简单，设计精度严重不到位。在这些设计当中，没有哪一座水库在设计前做过地质勘测及土工实验等前期工作。其坝体设计亦非常简单，没有作必要的稳定分析。如总库容310.9万立方米，坝高32米，坝型为土坝的石姑园水库，它的大坝设计仅有"坝顶高程725.00米，坝顶宽4.8米，上游坝坡1∶3.0，下游坝坡在710.00高程设2.0米宽的马道，马道以上1∶1.2，以下1∶2.5"几句话，没有对大坝作出稳定分析，没有对填土指标指出任何要求。再如坝型为浆砌石拱坝，总库容815万立方米，坝高36米的月光洞水库，其坝体设计浆平面布置及断面尺寸拟定后说了一句"拱坝的计算，我们不懂"就算完事。

施工质量差

受特殊历史条件的影响，当时的小型水库施工全部是由政府组织民工大搞群众运动完成的，没有一个工程是由有施工资质的正规施工企业承建。并且有相当部分工程是在1960年前后建设，民工们没有吃的，不少民工饿死在工地。在这种施工条件下还谈何质量控制呢？以兴安县为例，39座小型水库当中38座土坝，1座浆砌石坝，没有哪一座对坝基清理等隐蔽工程作验收，没有哪一座水库工程在施工过程中取样检测过干容重、含水量、砂浆标号等指标。在近年大坝维修时，挖开大坝，发现坝体填土竟然十分松散，就是有力的证明。

工程管理水平不到位

工程离不开管理，管理是确保水库工程安全和促进水库工程更好地发挥效益的重要保证和手段。但目前我们的水库工程管理实在是太落后。

管理人员素质太低

因小型水库工程大多在边远山区，工作条件和生活条件都十分艰苦。相应地，水库管理职工也是在当地农村招来。目前他们已大部分超过50岁，他们文化程度本身就不高，加之长期以来与现代科技相对隔绝，使得他们原有知识进一步老化，他们当中绝大多数人还是70年代的思想，70年代的观念，还在用70年代眼光和标准去看待事情，判别是非，管理工程。他们怎么能适应当今依法治国、构建和谐社会的要求？怎么能适应现代水利操作智能化、数字化的需要？

水库管理人员待遇低

以兴安县为例，13座小型水库当中只有4座归国营管理的小(一)型水库经过这几年完成的水利体制改革后，通过财政差额拨款，职工们能领到1000元左右的月薪外，其他9座乡(镇)管理的小(一)型水库财政每月补给每个职工月薪220元。这样的待遇只能造成低智低能的人来管理水库，即使有正常人愿意来应聘，也只能是身在曹营心在汉，不可能将心思放在水利工程的安全上，为水库的安全而操心。

工程管理的硬件设施落后

目前小型水库的管理完全停留在 20 世纪 70 年代的水平上，管理的硬件设施亦基本未能得到改善。工程的内在变化未能被管理者所掌握。如兴安县 39 座小型水库当中除支灵（灵湖）水库大坝于 2002 年配套了浸润线和位移观察设施外，再没有任何一座小型水库有任何观测设施，更没有预警预报系统。工程的安全管理和安全检查只能凭肉眼观察其外部。近些年，当强降雨来之前都要求对所有工程进行一次拉网式的检查，并且要求行政首长负主要责任。但是这样的拉网又有多大的用处呢？坝体内部结构发生了变化，浸润线发生了变化，扬力发生了变化，大坝发生了位移，坝体内应力发生了变化可能看得出吗？能看得出的也只能是大坝明显开裂、滑坡或已发生管涌等。但那时已是"癌症"晚期，无可救药了，只能乖乖地安排"后事"(转移下游群众)。

68. 小型农田水利工程建设设计方面存在的问题有哪些？

设计工作中存在偷工减料行为。设计工作沿着预可研、招标设计、施工详图设计不断深入，不仅意味着结构图、工程量和工程费用计算的逐步细化和分解，还包括作为设计依据的基础资料必须逐步补充完善，设计方案的比较也需进一步深入论证。但实际情况是在水利工程设计中，设计单位在整个设计阶段中施工方案基本无比较，只要方案可行即可，技术经济观念不强。招标设计阶段的深度与可研阶段差不多，无设计优化。进入施工详图设计阶段后，由于业主的强烈干预，设计单位才对设计方案进行较细致的比较,导致进入施工详图设计阶段后设计修改很多。

69. 小型农田水利工程建设施工方面存在哪些问题?

水利工程施工质量直接关系到水利设施的寿命以及工程的效益。目前,水利工程施工管理水平有了很大进步,但仍存在施工队伍质量参差不齐、质量监督制度不完善、建设单位管理体系不健全、施工管理中的不正之风等问题,影响工程建设质量。必须采取切实有效的措施,提高施工管理水平,提高工程建设质量。

70. 小型农田水利工程建设管理方面存在哪些问题?

目前财力投入不足,导致管理经费不足,管理机构不健全,致使小型农田水利工程建成后管理粗放,维护管理不足,出现了各种问题,严重影响了人民的正常生产和生活。由于资金短缺,虽然政府大力扶持水利建设与管理,在规划布局、项目安排和资金补助上给予很大倾斜;但难有较多资金用于水利工程的建设配套上,致使部分工程无法按期启动,开工建设的也很难按计划竣工验收。项目建成后管理粗放,有的建成不到1年时间,引水渠道淤堵,泵站毁坏严重,过早地失去其使用价值,同时也造成国有资产的流失。

71. 小型农田水利工程建设产权方面存在哪些问题?

从20世纪50—70年代,实行合作社和人民公社集体所有的经营管理体制,建成的设施归公社或生产队集体所有,实行集体管理,工程维护管理较好。实行家庭联产承包责任制以后,产生的问题是:水利工程所有者主体"缺位"。基层政府代替"集体"承办本该由"集体"办的事,造成政府"越位"。兴修农田水利是农民自己要干的事情,结果变成政府要农民干,甚至被人理解为政府加重农民负担。工程集体所有与分户经营的体制矛盾,导致"集体"工程有人使用、无人管理,设施老化、损坏、丢失等现象严重。

72. 推行工程勘察,设计招投标和设计监理制

通过招标投标制,引进竞争机制,促使设计单位具有忧患意识,充分调动设计单位的主动性和积极性,促使设计单位提高设计质量。利用工程监理制度对设计的全过程进行控制与监督,必然会促进设计单位提高其设计质量。实施设计监理制,对投资控制是非常有益的。为了更好地调动各方面的积极性,使工程设计有条不紊进行,可对设计单位设置奖惩办法,辅助设计工作又好又快完成。

73. 成立具有法人资格的工程建设管理机构

成立具有法人资格的工程建设管理机构单独,行使工程建设管理职能,管理机构内部要建立完善的工程管理制度,权责明确,认真抓好组织落实,以保证管理队伍有效和有序地运作。在工程项目招标时,选用具有施工资质的工程建设单位。应注意考察:一是施工队伍人员构成。包括管理人员、技术人员、工人的业务水平,以及政治素质。二是施工设备。考查施工单位是否具备完成该工程所必须的主要设备。三是施工经

验。了解施工单位建设此类工程的施工经验以及业绩。四是经济能力与信誉情况。要对投标单位的经济状况和信誉情况进行调查、了解和评估,在同等条件下,选用经济实力和信誉较好的单位,按招投标程序选出最合适的施工单位。工程建设过程中要编制施工组织计划,制定施工技术规程。成立由建设、监理、设计、施工四方组成的质检组织,由建设单位总负责。施工中要对工程分阶段、分部分、按程序进行检查验收。施工单位设专职质检员,负责施工自检,并及时向质检组织汇报质检情况。每项工程及施工阶段要履行相应的程序,方可进入下一步工序。

74. 怎样加强小型农田水利工程建设管理?

管理机构对小型水利工程设施实行登记造册,绘制工程分布图分类进行管理,对重点工程实施挂牌,设专人重点管理,落实目标责任制;制定合理的工程维修养护费标准,根据受益面积和各地的具体情况,向受益者和收益单位征收一定的费用,用于工程维护;推行义务工制,接受受益人或者单位的义务工。按照"谁建设、谁管理、谁受益"的原则,用好经费,做好项目建成后期管理工作。

75. 为什么要明确产权归属?

项目竣工验收合格后,要及时明确工程的产权归属,办理固定资产交接手续,确定工程管理的责任单位。落实工程管护主体,一是可以采取工程产权拍卖、承包、股份制、租赁等形式落实管护主体;二是采取分级产权移交,落实管护主体。对较大型的工程产权、跨村的小型农田水利工程及设备移交给乡(镇)水利站进行管护。对田间水利工程,由村统一管护或农户分散管护。在农户分散管护中,可采取拍卖、承包、租赁等办法,把工程管护与农民群众的经济利益挂钩,增强其责任感。

76. 组建大坝安全监测中心有何作用?

如前所述,目前小型水库大坝基本处在没有任何监测设施和手段的状态。虽然每次强降雨到来之前都要求对各水库工程进行拉网式检查,但这种检查无法透视其内部,其结果收益甚微,更多的则是劳命伤财。在目前国家财力有限,无力对所有小型水库在短时间内全面配备监测设施和提供监测物力的情况下,可在小型水库比较多的县组建小型水库安全监测中心,中心配备相应的工程技术人员和相应的设备,负责本县和设有安全监测中心的县的小型水库大坝进行定期和不定期的安全监测,以上管理单位和政府对各小型水库大坝工况心中有数,才能做到"知己知彼",做到防患于未然。

77. 为什么要全面改革小型水库工程的管理体制?

近年来,虽然对小型水库管理体制进行了一些改革,也取得了一些成效,但仍未能从根本上改变性质。水管所仍是20世纪70年代的模式。如前所述,他们人员老化,素质低下,不能适应现代水利的时代要求。不能胜任水库大坝的安全管理,确保水库大坝和人民生命财产的安全。同时水管所与用水户存在一个很难消除的隔阂,这条隔阂的存在是水费收取难的症结。不少人认为,小型水库应该由用水户协会行使最高管理权,水管所应由用水户协会组建,由用水户协会聘任所长、工程师、管水人员等各岗位人员。每年年终由用水户协会召开聘任大会，评议水管所及其各岗位人员的工作，对不称职的人员可以随时解聘。只有这样才能保证水库工程人员高素质、高责任心、高工作效率，才能有人去认真管理大坝及其渠道，确保水库大坝及其渠道工程的安全。

小型水库管理常识

78. 什么是水库统一管理、分级负责制度？

(1)国家投资建设库容1000万立方米以上的水库,由市人民政府水行政主管部门设立水库管理单位；

(2)国家投资建设库容10万立方米以上,不足1000万立方米的水库，由县级人民政府水行政主管部门设立水库管理单位或者配备相应的管理人员；

(3)农村集体经济组织投资建设的水库,由农村集体经济组织设立水库管理单位或者配备相应的管理人员；

(4)其他投资建设的水库,由投资者设立水库管理单位或者配备相应的管理人员。

农村集体经济组织或者其他投资者建设的水库，应当将设立的水库管理单位以及配备管理人员的情况，向所在地县级人民政府水行政主管部门备案。

79. 水库管理单位必须履行的职责有哪些？

(1)认真贯彻执行有关水库管理的法律、法规和各级人民政府及其水行政主管部门的规定。

(2)制定水库管护计划,建立管理责任制,加强日常管理、维护和维修,保证设施完好、运用自如。

(3)编制水库运用计划,报经水行政主管部门审批后,认真组织实施。

(4)搞好汛期雨情、水情观测,按水库年度运用计划科学调度,安全运用。水库泄洪要提前报告水行政主管部门并及时通知下游地区。

(5)对水库承包单位或承包人实行安全监督管理,有权制止危及水库安全的行为,并按程序报水行政主管部门依法予以处理。

(6)建立健全水库有关工程管理、财务管理、安全管理、经营管理、资料档案管理等规章制度。

(7)利用水库管理范围内的水土资源开展综合经营,增强自我发展能力。

80.各水利工程管理单位的防汛任务有哪些?

(1)汛前、汛中应对水库大坝、溢洪道,涵闸、渠道等工程设施进行全面检查,发现问题及时采取有效措施处理,并向防汛指挥机构报告。

(2)执行当地人民政府的防汛方案及洪水调度计划。

(3)做好汛前物资、设备等各项准备工作。

(4)保证水利工程管理保护范围内的交通、通讯畅通,发现与外界交通、通讯受阻,应及时报告。

(5)汛期内坚持昼夜值班,掌握气象动态,严密注视水情,在可能出现洪水超过安全水位的情况下,必须立即报告水行政主管部门和人民政府防汛机构,并向有关乡(镇)人民政府通报情况。

(6)水利工程管理单位在防汛、抗洪、抢险应急时,经县防汛指挥机构批准可以调用当地人力、车辆及各种物资、设备,事后由批准单位按照有关规定妥善处理。

(7)发生洪水超过安全水位或者发生意外事故危及工程安全且与上级失去联系时,水利工程管理单位可以按照防洪调度方案采取非常措施,保证工程安全,并向下游紧急报警,通知群众转移,及时向上级防汛指挥机构报告。

81. 为什么要兴修水库?

水库通常有兴利、防洪两种调节作用。修建水库能够调蓄水量,抬高水位,改变河川天然径流过程,以适应国民经济的要求。按人们的需要,利用水库控制并重新分配径流称为径流调节。其中,为提高枯水期(或枯水年)的供水量,满足灌溉、水力发电及城镇工业、生活用水等兴利要求而进行的调节称为兴利调节;为拦蓄洪水、削减洪峰流量,防止或减轻洪水灾害而进行的调节称为防洪调节。

82. 水库有哪些调节作用?

水库来水、用水和蓄水都是经常变化的,水库由库空(死水位)到库满(正常蓄水位)再到库空,循环一次所经历的时间,称为调节周期。按调节周期的长短来分,兴利调节可划分为日调节、周调节、年调节和多年调节等类型。以灌溉为主的水库常为年调节或多年调节。

(1)日调节和周调节:日调节和周调节均是短周期调节,一般用于发电水库。

(2)年调节:在我国,一般河流径流的季节性变化是很大的,丰水期和枯水期水量相差悬殊。径流年调节的任务就是将丰水期多余的水量存蓄在水库中,供枯水期用。调节周期为一年,称为年调节。

(3)多年调节:当用水量较大,或设计保证率较高时,设计年径流小于年用水量,这时修建年调节水库满足不了用水的要求,须把丰水年多余的水量拦蓄在水库中,补充枯水年供水量之不足。这种跨年度的调节称为多年调节。

水库的相对库容越大,调节径流的周期就越长,调节利用径流的程度就越高。多年调节水库由于相对库容较大,可同时进行年、周和日的径流调节。

83. 水库防洪调节的任务是什么?

水库防洪调节,就是在汛期为满足水库及下游防洪要求,根据洪水、库容和工程设施研究确定水库的蓄泄方案。汛期保障水库安全是管理水库的首要任务,水库只有安全才能蓄水兴利。水库防洪调节的任务可分为两个方面:

(1)解决水库蓄洪和泄洪的矛盾。即正确处理下游防洪安全和水库防洪安全的矛盾。汛期流域发生暴雨或特大暴雨时,洪量很大,而水库能够拦蓄的洪量有限。如果蓄洪过多,使水库的水位超过设计洪水位,将会危及水库的安全,故必须泄洪。当泄洪流量加上区间流量超过下游河道的安全下泄流量时,就会造成下游水灾。究竟泄洪流量为多大、泄洪时间怎样安排,需要通过防洪调度,恰当地解决水库蓄洪与泄洪的矛盾，以满足下游及水库的防洪要求。如果发生超标准洪水或可能最大洪水，需采取有效措施，确保大坝安全，尽量减少洪灾损失。

(2)解决防洪安全与兴利蓄水的矛盾。从防洪安全来说，防洪限制水位低比较安全，但对兴利蓄水不利；从蓄水兴利来说，防洪限制水位高可多蓄水兴利，但调洪库容可能不够，从而影响防洪安全。如防洪调度得当，既可满足一定的防洪要求，又可增加水库蓄水量，充分发挥水库的兴利效益。

84. 什么是水工建筑物？

水利枢纽的分等和水工建筑物的分级在水利事业中采取的工程措施称为水利工程。工程中的建筑物称为水利工程建筑物，简称水工建筑物。

水利工程往往由几种不同类型的水工建筑物集合一起，构成一个完整的综合体，用来控制和支配水流，这些建筑物的综合体称为水利枢纽。

安全和经济是水利工程中必须妥善解决的矛盾。为使工程的安全性与其造价的经济合理性适当地统一起来，应将水利工程及其所属建筑物按工程规模、效益大小及其在国民经济中的重要性划分成不同的等级。

85. 水工建筑物级别是怎样划分的？

枢纽中的建筑物根据所属工程的等级及其在工程中的作用分为五级，如下表所示。

水工建筑物级别的划分

工程等级	永久性建筑物级别		临时性建筑物级别
	主要建筑物	次要建筑物	
一	1	3	4
二	2	3	4
三	3	4	5
四	4	5	5
五	5	5	

86. 防洪标准是怎样划分的？

洪水是指暴雨或急促的融冰和水库垮坝等引起的江河水量迅速增加及水位急剧上涨的一种自然现象。设计洪水是指符合设计标准的洪水，是堤防和水工建筑物设计的依据。设计洪峰流量是指设计洪水的最大流量。

防洪标准是指担任防洪任务的水工建筑物应具备的防御洪水能力的洪水标准，一般可用防御洪水相应的重现期或出现的频率来表示，如50年一遇、100年一遇等。我国各部门现行的防洪标准，有的规定为只有设计一级标准，有的规定设计和校核两级标准。水利水电工程采用设计、校核两级标准。设计标准是指当发生小于或等于该标准的洪水时，应保证防护对象的安全或防护设施的正常运行。校核标准是指遇到该标准的洪水时，采取非常运用措施，在保障主要防护对象和主要建筑物安全的前提下，允许次要建筑物局部或不同程度的损坏，允许次要防护对象受到一定的损失。

87. 什么是水库的特征水位和特征库容？

在河流上拦河筑坝形成人工湖用来进行径流调节，这就是水库。一般地说,坝筑得越高,水库的容积(简称库容)就越大。但在不同的河流上,即使坝高相同,其库容一般却不相同,这主要与库区内的地形及河流的比降等特性有关。如库区内地形开阔,则库容较大,如为一峡谷,则库容较小。河流比降小,库容就大;比降大,库容就小。根据库区河谷形状,水库有河道型和湖泊型两中。

　　水库的规划设计,首先要合理确定各种库容和相应的库水位。具体讲,就是要根据河流的水文条件、坝址的地形地质条件和各用水部门的需水要求,通过调节计算,并从政治、技术、经济等方面进行全面的综合分析论证,来确定水库的各种特征水位及相应的库容值(见下图)。

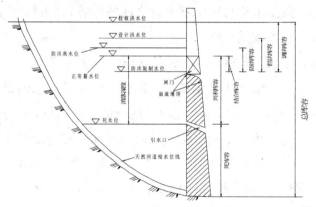

水库特征水位及相应库容示意图

88. 什么是死水位和死库容?

　　死水位是指在正常运用情况下,允许水库消落的最低水位。死水位以下的库容称为死库容或垫底库容。水库正常运行时一般不能低于死水位。

89. 什么是正常蓄水位和兴利库容？

在正常运行条件下，为了满足兴利部门枯水期的正常用水，水库在供水开始时应蓄到的最高水位，称为正常蓄水位，又称正常高水位。正常蓄水位到死水位之间的库容，是水库实际可用于径流调节的库容，称为兴利库容，又称调节库容。正常蓄水位与死水位之间的深度，称为消落深度，又称工作深度。

90. 什么是防洪限制水位和结合库容？

水库在汛期允许兴利蓄水的上限水位，称为防洪限制水位，又称为汛期限制水位。

防洪限制水位与正常蓄水位之间的库容，称为结合库容，又称共用库容或重叠库容。

91. 什么是防洪高水位和防洪库容？

当水库下游有防洪要求时，遇到下游防护对象的设计标准洪水时，经水库调洪后，在坝前达到的最高水位，称为防洪高水位。它至防洪限制水位之间的水库库容称为防洪库容。

设计洪水位和拦洪库容——当遇到大坝设计标准洪水时，经水库调洪，在坝前达到的最高水位，称为设计洪水位。它至防洪限制水位之间的水库容积称为拦洪库容。

92. 什么是校核洪水位和调洪库容？

当遇到大坝校核标准洪水时，经水库调洪，在坝前达到的最高水位，称为校核洪水位。它至防洪限制水位间的水库容积称为调洪库容。

校核洪水位(或正常蓄水位)以下的全部水库容积就是水库的总库容。校核洪水位(或正常蓄水位)至死水位之间的库容称为有效库容。总库容是水库最重要的指标。

93. 水工建筑物的检查观察的目的是什么？

检查观察,主要是用眼看、耳听、手摸以及一些简单的工具,对工程表面状况的变化进行经常性的巡视、查看等工作的总称。它是管理工作中必不可少的重要组成部分。水库建成后,经常受到各种外界因素的影响,各项建筑物的状态和地质情况始终不断地在变化着。事物的发展都有一个由量变到质变的过程。大量事实证明,水库发生破坏事故,事前总是有一定预兆的。对水库进行认真的检查观察,就能及时发现水库的状态变化;对不正常的状态进行分析处理,就能防患于未然,把事故消灭在萌芽状态中,从而确保水库安全运行。

94. 土坝的日常检查观察内容有哪些？

坝身是否有裂缝、塌坑、隆起等现象。

坝顶防浪墙有无裂缝、变形、沉陷、倾斜等情况。

坝坡块石护坡是否有松动、崩塌、风化、垫层流失、架空等现象。草皮护坡有无塌陷、雨淋坑、冲沟等现象。

土坝与两岸接头处、下游坝坡、坝脚一带及坝下埋管出口附近等处是否有异常渗漏现象。

坝身及其附近是否有白蚁活动的痕迹。

95. 土坝的检查观察的方式方法有哪些？

(1)裂缝的检查观察:裂缝一般由干缩、不均匀沉陷和滑坡所引起。发生在坝顶和上游坝坡的裂缝,一般可以由肉眼观察到。坝顶防浪墙、坝坡踏步、护栏等断裂，一般可反映出坝顶和坝坡上有纵向或横向的裂缝存在，根据这些迹象，再做进一步的检查。

水库长时间高水位或大暴雨期间，下游坝体含水量大，坝坡稳定性降低。质量较差的坝在这种情况下就容易发生滑坡裂缝。水库连续放水，库水位骤降时，也最容易发生上游坝坡滑坡，产生裂缝。发生地震也容易引起大坝裂缝。有上述情况都要加强检查观察。

发生裂缝后，要及时做好观察记录，记录裂缝发生的时间、位置、走向、裂缝的宽度和长度等。在尚未对裂缝进行处理前，要设置标志进行观察，并把缝口保护起来，用塑料布盖好，防止雨水流入，避免因牲畜或人为的破坏使裂缝失去原状。

(2)渗漏的检查观察：渗漏一般用肉眼可以观察到。如在下流坝坡有明显细小渗水逸出，坝面土料潮湿松软，部分草皮色深叶茂等都是坝身渗漏现象的特征。

土坝的集中渗漏危害性大，要高度重视。在坝下涵管出口附近，坝体与山坡接合部分，水库高水位时，都可能出现集中渗漏现象。发现集中渗漏点时，要注意观察渗水的浑浊程度和渗水量的变化，如果渗水由清变浑或明显地带有土粒，渗水量突然增大，很可能是坝体内部发生渗漏变形破坏的征兆。渗水量突然减少或中断，有可能是顶壁坍塌暂时堵塞渗漏通道，决不能麻痹大意，更应加强观察。

检查观察渗漏时，要记录渗漏量的大小、部位、高程、范围大小等，同时要记录库水位，以便分析渗漏与库水位的变化。

(3)塌坑的检查观察:坝身发生塌坑现象,肉眼极易看到,除风浪淘刷和白蚁洞穴引起的塌坑外,大部分塌坑多由渗流破坏而引起,要根据发生部位分析其原因。例如:若塌坑位置正好在坝内放水洞轴线附近,则有可能是放水洞漏水引起的;若塌坑邻近进水塔(竖井或卧管),有可能是进水塔(竖井或卧管)壁或塔与洞(管)接头断裂漏水所致;若紧靠反滤坝址上游发生塌坑,可能是坝体与山坡接合不好发生破坏,或者由于绕坝渗流引起。发现塌坑要记录坑的直径大小、形状和深度,相对位置、高程等,绘出草图,必要时进行拍照。

96. 怎样对砌石坝进行检查观察?

砌石坝是指以水泥砂浆作胶结材料,用条石或块石砌筑而成的挡水坝。检查观察是为了监视坝体和接触部分天然地面以及泄洪设施的状态有无变化。在有变化的情况下,监视其发展程度。主要内容如下:

(1)坝体:要注意观察有无裂缝、渗水现象;砌块有无脱落、松动、风化、松软现象;分缝处的开合情况及缝内止水、填料是否完好无损。上游面不易观察的部位,可乘船靠近检查或用望远镜进行观察。在汛期或冬季要观察水面是否有漂浮物和冰凌,防止撞击坝体。

发现坝身有裂缝时,要量测裂缝所在坝段(或桩号)、高程、长度、宽度、走向、有无渗水、水量大小等,并详细记录,必要时进行拍照。对较重要的裂缝或渗水点,应设置标志或量水设施,定期进行观察监视。

(2)接触部分:要经常观察坝体与地面接触部位是否有破

碎、裂纹、隆起、渗水等现象,应设置标志,加强观测分析,判断坝体是否失稳。

(3)泄洪设施:检查溢流面有无磨损,冲刷,破裂、漏水及阻水物体等,消能设施有无损坏等现象,闸门控制要进行检查。

97.怎样进行放水洞(管)的检查观察?

小型水库的放水洞(管)大多是坝下埋管,往往因发生裂缝渗漏,引起土坝的塌陷、滑坡,甚至溃坝失事。但其一般都有一个从量变到质变的过程。因此,在放水洞(管)运用前、运用过程中和运用后都要进行细致的检查观察,以便及时发现问题进行处理,防患于未然。

(1)放水前后的检查:放水洞(管)在放水之前和放水停止后,应进行全面的检查。主要检查放水洞(管)内壁有无裂缝、错位变形,漏水孔洞、闸门糟附近有无气泡等现象。不能进洞(管)检查时,要在洞口观察洞内是否有水流出,倾听洞内是否有异样滴水声,出口周围有无浸湿或漏水现象。进洞(管)内检查时要特别注意给洞内鼓风送风,避免检查人员在洞内缺氧窒息死亡。

(2)放水期间的检查:放水洞(管)在放水过程中,要经常观察和倾听洞内有无异常声响。如听到洞内有咕咚咕咚阵发性的响声或轰隆隆的爆炸声,说明洞内有明流、满流交替的情况或产生了气泡现象。要观察出流有无浑水,出口流态是否正常,流量不变情况下水跃位置有无变化,主流流向有无偏移,两侧有无旋涡等。若库内水不浑而洞(管)内流出浑水,则有可能是洞(管)壁断裂且有渗透破坏现象,应关闸检查处理。检查观察时要做好观察记录。

98. 怎样进行溢洪道的检查观察?

溢洪道是确保水库安全的泄水通道,若遇堵塞或泄水不畅,就会危及工程安全。因此,对溢洪道要进行经常检查观察,随时保持溢洪道的正常泄洪能力。

(1)泄洪前的检查:在每次库水位接近溢洪高程将要泄洪之前,要组织力量进行一次详细检查,看溢洪道上是否有影响泄水的障碍物,两岸山坡是否稳定,如果发现岩石或土坡松动出现裂缝或塌坡,则应及早清除或采取加固措施,以免在溢洪时突然发生岸坡塌滑、堵塞溢洪道过水断面的险情。检查溢洪道各个部位是否完好无损,如渣墩、底板、边墙、胸墙、溢洪堰、消力池等结构有无裂缝、损坏和渗水等现象。

(2)泄洪过程中的检查:要随时观察建筑物的工作状态和防护工作,严禁在泄水口附近捞鱼或涉水,以免发生事故。

(3)泄洪后的检查:溢洪后应及时检查消力池、护坦、海漫、挑流鼻坎、消力墩、防冲齿墙等有无损坏或淘空,溢洪面、边墙等部位是否发生气蚀损坏,上下游截水墙或铺盖等防渗设施是否完好,伸缩缝内、侧墙前后有无渗水现象等。

溢洪道设有闸门的应同时对闸门及启闭设备进行检查。

99. 怎样进行闸门及启闭机设备的检查观察?

(1)闸门的检查观察

主要内容包括闸槽有无堵塞物及气蚀损坏现象,闸门主侧轮有无锈死不转动,止水设施是否破损,门页有无扭转变形、裂纹、脱焊、油漆剥落、锈蚀等,闸门部分开启闭时有无震动情况。对滑动式闸门,还要检查胶木滑道是否老化、缺损等。

(2)启闭设备的检查观察

要检查润滑系统是否干枯缺油,吊点结构是否牢固可靠,固定基脚是否松动,齿轮及制动是否完好灵活,电源系统是否畅通,连接闸门的螺杆、拉杆、钢丝绳有无弯曲、断丝、损坏现象等。

开闸放水前要试车,观察运转过程是否灵活,工作状况是否正常,发现有不正常的响声、震动、发热、冒烟等情况,应立即停车检查抢修。

100. 明渠水流及渠道水力怎样计算?

人工渠道、天然河流以及未充满水的管道,通称为明渠。在明渠中流动的水称明渠水流,又称无压流。

明渠水流可以是恒定流,也可以是非恒定流;可是等速流(均匀流),也可以是变速流(非均匀流)。当明渠过水断面平均流速及水深沿流动方向不变时,称为明渠等速度流;否则,称为明渠变速流。

(1)明渠断面形状及过水断面面积、湿周和水力半径的计算

明渠的形状是多种多样的。人工渠道的断面形状常见的有梯形、矩形、圆形等;至于天然河道的断面形状常呈不规则形状。这里我们讨论梯形断面的计算。

梯形断面如下图(a)所示。

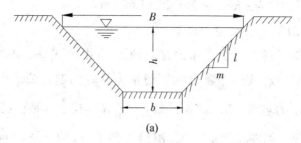

(a)

凡与流束或微小流束以及总流线成正交的横截面，称为过水断面。

设过水断面面积为A，被液体湿润的固体边界称湿周，用χ表示。过水断面面积A与湿周χ之比称为水力半径。用R表示，即

$$R=A/\chi$$

在水力计算中，习惯上把A、χ、R称断面水力要素。求解计算式为：

过水面积　　　　$A=(b+mb)h$

式中：b为底宽；h为水深；m称为边坡系数，表示斜坡的垂直距离每增加1米，则水平距离增加为m米。m越大，说明斜坡越缓；反之，说明斜坡越陡；$m=0$，断面为矩形。

过水断面宽　　　$B=b+2mh$

湿周　　　　　　$\chi=b+2h(1+m^2)^{1/2}$

例：已知梯形渠道过水断面底宽$b=15m$，水深$h=2m$，边坡系数$m=1.5$，求过水断面面积、湿周和水力半径。

解：过水断面面积 $\omega=(b+mb)h=(15+1.5\times2)=36(\text{m}^2)$

湿周 $\chi=b+2h(1+m^2)^{1/2}=15+2\times2(1+1.5^2)^{1/2}=22.2(\text{m})$

水力半径 $R = A/\chi = 36/22.2 = 1.62$ （m）

(2)渠道过水能力计算

假设通过渠道的水流是等速流,应用公式 $Q = CA\sqrt{Ri}$,可解决实际工程实践中常见的渠道水力计算问题。公式中 i 是渠道的水力坡降,C 是谢才系数,$C = \dfrac{1}{n}R^{1/6}$,式中 n 是粗糙系数。

例:如图某灌溉土渠,测得下列数据:边坡系数 $m = 2.0$,底宽 $b = 4$m,底坡 $i = 0.0002$,渠底到堤顶高差为 2.0m,采用糙率 $n = 0.025$,求在保证超高为 0.5m(即水深 $h = 1.5$ m)时,能否通过流量 $= 5.8$ m³/s 的水流。

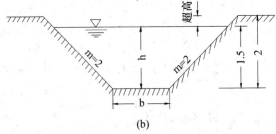

(b)

解:按公式 $Q = CA\sqrt{Ri}$ 计算流量

过水面积 $A = (b + mb)h = (4 + 2 \times 1.5) \times 1.5 = 10.5$ （m²）

湿周 $\chi = b + 2h(1 + m^2)^{1/2} = 4 + 2 \times 1.5 \times (1 + 2^2)^{1/2} = 10.7$ （m）

水力半径 $R = A/\chi = 10.5/10.7 = 0.98$ （m）

谢才系数 $C = \dfrac{1}{n}R^{1/6} = \dfrac{1}{0.025} \times 0.98^{1/6} = 39.9$ （m³/s）

将计算值代入公式,得

$Q = CA\sqrt{Ri} = 10.5 \times 39.9 \times (0.98 \times 0.0002)^{1/2} = 5.9$ （m³/s）

经过计算,渠道能通过 5.9m³/s 的流量,满足设计要求。

中央财政小型农田水利工程建设补助专项资金和重点县建设

101. 设立中央财政建设补助专项资金的目的和作用是什么？

小型农田水利工程建设采用"民办公助"方式，对农户、农民用水户协会、农民专业合作经济组织和村组集体等自愿开展小型农田水利工程建设的项目，财政给予补助。

小型农田水利专项资金重点支持小型水源、渠道、机电泵站等工程设施的修复、新建、续建与改造。对建设项目的材料费、设备费和施工机械作业费等给予补助。

中央财政根据各省、自治区、直辖市(以下简称各省)财政状况、小型农田水利工程建设任务、省级预算安排小型农田水利建设资金以及以往年度项目实施情况，确定各省年度资金控制额度。

中央财政补助资金可用于中央补助项目的论证审查、规划编制、工程设计、技术咨询和信息服务支出，但最高比例不超过中央补助资金总额的3%(其中中央提取安排比例不超过1%)，并不得用于人员补贴、购置交通工具和办公设备等支出。

中央财政积极探索建立小型农田水利专项资金"以奖代补"机制，通过"民办公助"增加补助小型农田水利建设专项资金的方式，对小型农田水利工程建设成效显著的地方实行"以奖代补"。

各级财政、水利部门共同组织和指导小型农田水利专项资金项目的实施。

102. 申请中央财政补助资金的对象有哪些？

(1)农户(包括联户)。

(2)农民用水户协会或其他农民专业合作经济组织。

(3)村组集体。

103. 向县级水利、财政部门申请项目时，应报送的文件材料有哪些？

(1)农户的基本情况、农民用水户协会或其他农民专业合作经济组织的基本资料；

(2)项目建设方案、资金筹措(含投劳)方案和建成后管护方案、用水分配方案，用水合作组织组建方案及村民有关决议材料。

104. 县级水利等有关部门对项目申请按哪些原则进行审查？

(1)农户自愿的原则。充分尊重农民的意愿，调动农民参与建设和管理的积极性，项目建设的投劳投资方案和管理运行方式要经受益区农民民主议事、民主决策通过。

(2)因地制宜的原则。根据当地水资源条件、生产实际需要和投资可能，合理确定工程建设布局、规模和形式，做到经济上合理，技术上可行，杜绝重复投资和形象工程。

(3)按规划实施的原则。兴建和改造小型农田水利工程要符合各地编制的《小型农田水利工程建设规划(2006—2015年)》，坚持水源、骨干工程和田间工程配套建设，水利措施要与农业措施相结合,确保工程建成后,充分发挥效益。

经审查合格后,县级水利部门会同财政部门以县为单位编制《小型农田水利项目可行性研究报告》,填写《农业财政专项资金(水利)管理标准文本》,并对申报内容的真实性负责,逐级联合上报至省级财政部门、水利部门。

105.省级财政水利部门对项目申请按哪些原则进行审查?

省级财政水利部门对《农业财政专项资金(水利)管理标准文本》、《小型农田水利项目可行性研究报告》进行审查,并对项目审查结论负责。经审查合格后,按财政部、水利部审定的资金控制额度,按照下列条件,等额编制省级年度项目申请计划,联合上报财政部和水利部。

(1)粮食主产区或重点商品粮基地的项目优先;

(2)有一定筹资筹劳能力、管理能力较强、已在民政部门或工商等部门注册登记的农民用水户协会、农民专业合作经济组织申报的项目优先;

(3)通过"一事一议"或民主议事形式选定的项目优先。

106.财政部、水利部对各省申请的项目报告根据什么标准审查批复?

财政部、水利部对各省申请的项目报告及《农业财政专项资金(水利)管理标准文本》、《小型农田水利项目可行性研究报告》进行合规性审查,批复下达年度补助资金。具体年度项目计划由省级水利、财政部门批复下达。

107. 中央财政补助资金使用与管理有哪些规定？

(1)中央财政对各省项目实行差别比例补助，东部地区补助比例为项目总投资的15%，中西部地区及粮食主产区补助比例为项目总投资的30%。

具体项目的补助标准由各省财政、水利部门自行确定。

(2)中央补助资金由财政部下达省级财政部门，并抄送省级水利部门。省级财政部门按照规定的预算级次和程序下达资金，并抄送同级水利部门。

(3)中央补助资金原则上与各地安排的补助资金一并直接补助到实施项目的农户、农民用水户协会或其他专业合作组织和村组集体，具体形式视当地实际情况而定。资金管理实行县级财政报账制。

(4)各级财政、水利部门要加强监督检查。县级水利、财政部门应将年度实施项目情况在当地主要媒体公示，资金的使用情况要向受益区农民张榜公布，接受群众监督，严禁截留、挤占和挪用补助资金，确保资金发挥效益。

(5)在小型农田水利专项资金管理过程中，对违反本办法行为的，依照《财政违法行为处罚处分条例》(国务院令第427号)给予处理、处罚、处分。

108.中央财政补助资金项目的实施与管护有哪些规定？

(1)小型农田水利工程项目实行项目法人或业主负责制，申请项目的农户、农民用水户协会或其他农民专业合作经济组织和村组集体为项目法人或业主，负责项目的申请、建设和建成后项目的管护。

(2)地方各级水利部门负责项目规划、设计、建设管理和技术指导,督促落实工程建成后经营和管护的责任;财政部门负责专项资金的管理和监督。

(3)县级水利部门为项目组织协调单位。县级财政、水利部门对所完成的工程进行验收。省级财政、水利部门采取随机抽样的办法进行抽查复验。

(4)各地要积极推动小型农田水利工程管理体制改革,明确产权,落实管护责任,探索建立长效运行机制,确保工程发挥效益。单户工程产权明确归农户所有;联户工程可建立用水合作组织,工程产权归其所有并负责管护。

109.开展小型农田水利重点县建设的重要意义是什么?

小型农田水利设施是农业基础设施的重要组成部分,是提高农业综合生产能力的重要前提条件,是全面建设小康社会的重要基础保障。针对我国小型农田水利设施普遍老化失修、效益衰减的问题,2005 年,中央财政设立了小型农田水利工程建设补助专项资金,以"民办公助"方式支持各地开展小型农田水利建设,取得了一定成效。但是,由于诸多原因,我国小型农田水利设施建设标准低、工程不配套、老化破损严重,管理体制与运行机制改革滞后等问题仍然十分突出。为了加快小型农田水利建设步伐,必须集中资金投入,连片配套改造,以县为单位整体推进,开展小型农田水利重点县建设,实现小型农田水利建设由分散投入向集中投入转变、由面上建设向重点建设转变、由单项突破向整体推进转变、由重建轻管向建管并重转变，彻底改变小型农田水利设施建设严重滞后的现状，提高农业抗御自然灾害的能力，为保障国家粮食安全奠定坚实基础。

各级财政、水利部门要充分认识开展小型农田水利重点县建设的重要性和迫切性，把开展小型农田水利重点县建设，作为当前和今后一个时期农业基础设施建设的重大任务，认真部署并切实做好组织实施工作，确保重点县建设任务顺利完成。

110.小型农田水利重点县建设的指导思想与建设原则有哪些？

(1)指导思想。小型农田水利建设重点县，要按照"统一规划，分步实施"和"建一片，成一片，发挥效益一片"的原则，以保障国家粮食安全和农产品有效供给为目标，以工程配套改造和管护机制改革为手段，以各级财政小型农田水利工程建设补助专项资金为引导，通过资金整合、集中投入、整体推进战略，迅速提升小型农田水利建设水平和管护水平，全方位推动小型农田水利基础设施建设实现跨越式发展，进而提高水分生产率和土地生产率，增加农民收入，改善农村生态环境，为全面建设小康社会和建设社会主义新农村提供基础保障。

(2)建设原则。重点县建设要结合当地农业生产和农村发展实际，不断完善和创新"民办公助"机制，严格遵循以下基本原则：

统一规划、因地制宜。各县要根据农业和农村经济发展需要、水土资源承载能力和发展可能，组织编制县级小型农田水利建设规划，科学确定工程措施和类型，做到经济上合理，技术上可行，区分轻重缓急，分期分批组织实施。

集中连片、突出重点。项目建设要相对集中连片，形成规模，发挥工程的整体效益，重点解决影响农业综合生产能力提高的"卡脖子"工程和"最后一公里"工程，优先安排农业增产增效潜力大、示范作用显著、前期工作充分、群众积极性高的区域。

尊重民意、民办公助。充分尊重农民的意愿，按照村民"一事一议"筹资筹劳的有关要求，组织农民参与工程规划、筹资、投劳、建设、运行、管护的全过程，使农民真正成为小型农田水利工程建设、管理和受益的主体。

整合资源、完善机制。要积极整合中央与地方、各部门之间的相关资金、技术等资源，加强部门合作，形成齐抓共管、共同推进的良好局面。继续完善小型农田水利长效投入机制，形成以用水户管护为主、基层水利服务组织指导为辅的工程管护机制，实现工程的长期高效运行。

111.小型农田水利重点县建设的主要任务与目标是什么？

(1)主要任务。以现有小型农田水利工程和大中型灌区末级渠系的配套改造为主，因地制宜建设高效节水灌溉工程，适度新建小微型水源工程。各地要结合实际情况，在搞好分类建设管理的基础上，突出建设重点，增强示范效应。建设适度规模的高效节水灌溉示范片、现代化灌排渠系示范片、雨水集蓄利用示范片、末级渠系节水改造（结合水价改革）示范片等若干个不同类型的示范片。

（2）主要目标。在全国范围内分批次分阶段开展小型农田水利重点县建设，使每一个重点县经过若干年建设，基本完成县域内主要小型农田水利工程配套改造，基本形成较为完善的灌排工程体系，基本实现"旱能灌、涝能排"，达到农业生产条件明显改善、农业综合生产能力明显提高、抗御自然灾害能力明显增强的效果。在重点县建设任务完成后，要使县域内：

①有效灌溉面积占耕地面积的比重提高10%~15%，或达到60%以上。

②节水灌溉面积占有效灌溉面积提高15%，或达到50%以上，其中高效节水灌溉面积提高5%，或达到23%。

③纯井灌区的管道输水灌溉、喷灌、微灌工程面积占该区节水灌溉工程面积比例达到80%以上。

④高效农业区的喷灌、微灌工程面积占该区工程面积比例达到50%以上；井灌区灌溉水利用系数平均不低于0.75；渠灌区灌溉水利用系数（大中型渠灌区斗口以下、小型灌区渠首以下）：缺水地区平均不低于0.65，丰水地区平均不低于0.55。

⑤全县粮食综合生产能力提高10%以上；缺乏灌溉条件的山丘区和灌区的高岗地，通过新建小型水源工程发展补充灌溉，基本解决农民口粮问题。

⑥着力推进工程产权制度改革和以用水户参与灌溉管理为重点的管理体制与运行机制改革。

112.做好小型农田水利重点县建设有哪几点要求？

小型农田水利重点县建设是一项强基础、惠民众、管长远的民生工程。各级财政、水利部门要进一步统一思想，提高认识，严格执行有关管理办法，扎实做好重点县建设各项工作。

(1)强化重点县建设的组织领导。各级财政、水利部门要加强领导和组织协调，将重点县建设纳入重要议事日程，建立有效工作机制，明确分工，落实责任。省级财政、水利部门要认真做好重点县选择、实施方案审查、以及项目监督检查、绩效考核和验收工作。各重点县财政、水利部门要合理确定年度建设任务，科学编制实施方案，充分调动农民群众参与工程建设和管理的积极性，抓好项目组织实施工作，确保工程进度和质量。

(2)科学编制县级农田水利建设规划。各地要高度重视县级农田水利建设规划编制工作。已编制完成县级农田水利建设规划的县，要尽快提请县人大或县人民政府批准。所有涉及农田水利的建设项目，都应以县级农田水利规划为指导，并将县级农田水利规划作为国家安排补助投资的重要依据。未编制县级农田水利建设规划或对规划编制工作不重视的县，不列入重点县建设范围。

(3)积极整合资金，切实加大农田水利建设投入力度。各地要按照国务院办公厅转发的发展改革委、财政部、水利部、农业部、国土资源部五部委《关于建立农田水利建设新机制的意见》(国办发〔2005〕50号)要求，切实承担起农田水利建设的责任，把小型农田水利建设资金纳入政府投资和财政预算，千方百计增加投入。省级财政部门要按照 2005—2009 年中央 1 号文件精神,尽快建立省级小型农田水利工程建设专项资金,并切实增加资金投入规模。中央财政将把地方财政投入力度作为中央小型农田水利建设资金分配的一项重要因素。各地在切实加大专项资金投入的同时,要加强资金整合,进一步拓宽农田水利建设投入渠道。各地要按照《财政部关于进一步推进支农资金整合工作的指导意见》(财农〔2006〕36 号)要求,努力创造条件,充分调动各方面积极性,以县级农田水利规划为依据,以小型农田水利工程建设补助专项资金为引导,以重点县建设为平台,以提高资金使用效益为目标,按照"渠道不乱、用途不变、优势互补、各记其功、形成合力"的原则,在不改变资金性质和用途的前提下,积极整合各项涉及农田水利建设资金,统筹安排,集中使用。

(4)严格管理强化考核,切实加强对重点县的监管。一是规范重点县选择程序。省级财政、水利部门要严格按照重点县选择的基本条件,遵循公开、公平、公正的原则,确定重点县名单,并采取适当形式对重点县名单进行公示。二是建立重点县建设绩效考核制度。采取科学的方法,将重点县建设的组织管理、建设进度、工程质量、资金投入、资金整合、资金使用和监管,以及管护机制等因素纳入考核范围,具体考核办法由财政部、水利部制定。三是重点县实行动态管理。要按照重点县绩效考核制度,对重点县数量一年一考核、一年一确定,中央对省进行考核,省对重点县进行考核,并引入竞争机制,将考核结果与以后年度重点县数量和资金规模直接挂钩。对考核结果较差的重点县取消资格。四是加强资金监管。各级财政部门要建立和完善资金监管体系,加强对重点县建设资金的监督与检查。建设管理和资金使用混乱、存在严重违规违纪问题的重点县不再列入下一年度重点县范围。五是加强工程建设管理。重点县要积极推行项目法人负责制、招标投标制、建设监理制和合同管理制,组织专业技术队伍,精心设计和施工,确保工程质量。各级水利部门要加强对重点县的技术指导,及时了解掌握工程建设进度情况,发现问题及时纠正。

(5)认真做好小型农田水利专项工程建设工作。在抓好重点县建设的同时,要针对部分县小型农田水利基础设施最薄弱和最急需解决的问题,继续实行有重点的小型农田水利专项工程建设。省级财政、水利部门要统筹协调小型农田水利重点县建设与专项工程建设任务,合理配置资金与技术资源,确保小型农田水利重点县建设与专项工程建设两项工作取得实效。

地下水资源管理

113. 地下水资源的特点是什么?

地下水资源与其他资源相比,有许多特点,最基本的特点是可恢复性、调蓄性和转化性。

(1)可恢复性

地下水资源不像其他资源,它在开采后能得到补给,具有可恢复性,合理开采不会造成资源枯竭,但开采过量,又得不到相应的补给,就会出现亏损。所以,保持地下水资源开采与补给的相对平衡,是合理开发利用地下水应遵循的基本原则。

（2）调蓄性

地下水可利用含水层进行调蓄，在补给季节（或丰水年）把多余的水储存在含水层中，在非补给季节（或枯水年）动用储存量，以满足生产与生活的需要。利用地下水资源的调蓄性，在枯水季节（或年份）可适当加大开采量，以满足用水需要，到丰水季节（或年份）则将多余的水量予以回补。以丰补枯是充分开发利用地下水的合理性原则。

（3）转化性

地下水与地表水在一定条件下可相互转化。例如，当河道水位高于沿岸的地下水位时，河道水补给地下水；相反，当沿岸地下水位高于河道水位时，则地下水补给河水。认识地下水资源的转化性，可以避免水资源开发利用上的绝对化（如大量开采地下水使河（泉）水断流，破坏生态平衡）。转化性是开发利用地下水和地表水资源的适度性原则。

114. 地下水资源怎样分类？

目前，地下水资源的分类方法较多，若以水均衡为基础分类，地下水资源可分为补给量、排泄量和储存量三类。

115. 什么是补给量？

补给量是指某时段内进入某一单元含水层或含水岩体的重力水体积，它又分为天然补给量、人工补给量和开采补给量。天然补给量是指天然状态下进入某一含水层的水量（平原区主要是降水入渗补给、地表水渗漏和邻区地下来流；山丘区主要是大气降水入渗补给）；人工补给量是指人工引水入渗补给地下水的水量；开采补给量是指开采条件下，除天然补给量之外，额外获得的补给量。例如,开采引起水位下降,降落漏斗扩展到邻近的地表水淋(河流、湖泊、水库等),使原来补给地下水的地表水渗漏补给量增大 (如顶托渗漏变为自由渗漏等)。在计算地下水补给量时,首先计算未抽水条件下的补给量,然后再估算开采条件下可能获得的额外补给量。一个水源地有多少地下水可供利用,首先取决于补给量。所以计算补给量是地下水资源数量评价的核心内容。

116. 什么是排泄量?

排泄量是指某时段内从某一单元含水层或含水岩体中排泄出去的重力水体积。排泄量可分为天然排泄量和人工开采量两类。天然排泄量有潜水蒸发、补给地表水体(河、沟、湖、库等)、侧向径流进入邻区等;人工开采量是从取水建筑物中取出来的地下水量。人工开采量反映了取水建筑物的取水能力,它是一个实际开采值。

117. 什么是储存量?

储存量是指储存在含水层内的重力水体积,该量可分为容积储存量和弹性储存量。容积储存量是指潜水含水层中所容纳的重力水体积。由于地下水位是随时变化的,所以储存量也随时增减。天然条件下,在补给期,补给量大于排泄量,多余的水量便在含水层中储存起来;在非补给期,地下水消耗大于补给,则动用储存量来满足消耗。在人工开采条件下,如开采量大于补给量,就要动用储存量,以支付不足;当补给量大于开采量时,多余的水变为储存量。总之,储存量起着调节作用。

118. 地下水资源评价的主要任务有哪些？

地下水资源评价就是对一个地区地下水资源的量、数量、时空分布特征和开发利用的技术要求做出科学的定量分析，并评价其开采价值；它是地下水资源合理开发与科学管理的基础。地下水资源评价的主要任务包括水质评价和水量评价。

(1)水质评价

对水质的要求是随其用途的不同而不同的。因此，必须根据用水部门对水质的要求，进行水质分析，评价其可用性并提出开采区水质监测与防护措施。用于灌溉的地下水应符合《农田灌溉水质标准》(GB 5084—92)。

(2)水量评价

水量评价的任务是通过计算，分析不同的资源量，从而确定允许开采量，并对能否满足用水部门需要以及有多大保证率作出科学评价。目前，常用的区域大面积浅层地下水资源分析计算方法有：区域均衡法、非稳定流计算法和相关分析法。均衡法是以一定均衡区或均衡段作为一个整体进行分析计算的方法，实质上是用"水量守恒"原理分析计算地下水允许开采量的通用性方法，也是计算地下水允许开采量的其他方法的指导思想。

119. 井灌区规划分哪几类？

井灌区规划应在农业区域规划和区域综合利用各种水资源规划的前提下进行，规划一定要建立在可靠的地下水资源评价的基础上，并对区内各用水对象对水质和水量的要求调查清楚，然后针对主要规划任务进行全面综合规划，通过对方案的经济效益分析，从中选出最优方案。井灌区规划按其主要任务不同可分为如下类型：

(1)计划发展的新井灌区。

(2)对旧井灌区的改建。

(3)井渠结合的井灌区。

(4)防渍涝和治碱等综合治理的井灌区。

120. 井灌区规划应遵循哪些原则？

根据我国北方各地多年井灌规划的经验,在规划时,可参考下列基本规划原则：

(1)充分利用当地地表水,合理开采与涵养地下水。

(2)以浅层潜水开发利用为主,严格控制开采深层承压水。

(3)集中与分散开采相结合,在有良好含水层和补给来源充沛的地区,可集中开采；补给来源有限的地区,宜分散开采。

(4)规划区新井规划应在基本井的基础上合理布置,即新旧井结合布置。

(5)灌溉用水应符合《农田灌溉水质标准》。

(6)规划中应考虑布设管理与监测地下水位的观测网。

121. 怎样进行井灌区规划？

井灌区规划是在综合分析与归纳区内各种基本资料的基础上,根据规划原则,结合规划任务的需要所得出来的成果。

通常井灌区规划需要的基本资料,主要包括以下几个方面：

(1)自然地理概况。主要包括地理和地貌特征；地表水的分布和特征；规划区总面积和耕地面积特点；土壤的类别、性质和分布情况。

(2)水文和气候。主要包括历年降雨量和蒸发量；地表水体的水文变化；历年旱涝灾害；历年气温和霜期；冰冻层深度等情况。

(3)地质与水文地质条件。主要包括地质构造和地质岩性特征；地下水的补给、径流和排泄条件；地下水水质评价；地下水的动态；主要的水文地质参数；地下水资源评价和可开采量评价；环境水文地质情况等。

(4)农业生产情况。用水对象的用水情况和水利现状主要包括农作物的种类、种植面积、复种指数和单位面积的产量等；农业生产需水量和其他用水对象对水质的要求与需水量；当地和附近灌溉、排水等经验；现有渠灌和井灌的情况等。

(5)社会经济和技术经济条件。主要包括专业和技术设备、能源供应、建筑材料等情况。

(6)一般对井灌区规划所需的图表,最基本的有:

①第四纪地质地貌图;

②水文地质分区图(附各区典型钻孔柱状图和主要地质剖面图);

③典型年和季节地下水等水位线或等埋深线图;

④承压水等水压线图;

⑤分区典型观测孔潜水动态图;

⑥分区抽水试验和有关水文地质参数汇总表。

小型水源工程管理

122. 什么是小水源工程？

小水源工程即集蓄降雨和开发利用零散小水源所修建用

于农田灌溉的小型水利工程。依据本地区的水资源状况、地形地貌、水文地质特征及农田分布特点,适宜地修建小水源工程是坚持开源节流并举,大小工程并重,配套挖潜相结合的重要举措。常用的小型水源工程有水窖、井、方塘、塘坝等。

123. 为什么说水窖是雨水集蓄重要工程手段?

国内一些干旱省份在这方面开发研究推广中积累了丰富的经验,产生了显著的经济效益、社会效益和生态效益。随着不少地方水资源的紧缺,旱情发展,水源供需矛盾的灼热化,该项技术开发利用受到干旱地区各级领导的高度重视。为指导好这项技术开发运用,我们剪辑了各地有关水窖适用范围、水窖基本形式、窖址选择及设计参数,供各地规划建设时参考。

124. 水窖适用范围有哪些?

(1)该项工程技术主要适用于当地缺乏地表水或地下水,多年平均降水量在250～550毫米的旱地农业区,如果需要也可在年降水量550毫米以上地区应用。

(2)雨水集蓄水窖工程需有相应集流面积或集流措施的配合。其集流面可利用现有的屋顶面、沥青公路面、农村道路、场院及天然山坡等。当现有集流面集水量不足时,可修建人工防渗集流面补充,或修建山坡截流沟拦截雨水,引入窖中。

(3)雨水集蓄水窖属微型水利工程,人畜饮水窖蓄水容积一般在20～30立方米。多适用于人畜饮水困难地区、庭院经济及小面积农业节水灌溉,如抗旱播种、苗期抗旱补水之用。农田灌溉的水窖一般要求容积较大,一般为30～60立方米。

125. 水窖工程怎样进行窖址选择？

(1)水窖工程布置应根据用途及当地地形条件等进行整体规划布置。以解决人畜饮水为主的应将窖建在庭院内地形较低处，以灌溉为主的应根据地形条件而定，宜选择比拟灌地块高程高 8～10 米的地方。

(2)窖址选定应尽量考虑雨水集蓄方便，有天然或人工建造集流面和截水沟条件的地方。

(3)水窖必须避开填方或易滑坡地段，以及沟边等。窖外壁距崖坎的距离不得小于 5 米。若是群窖，两窖外壁之间距离不得小于 4 米。建设在公路旁时，窖与公路之间距离应符合公路部门的要求。

126. 单井设计按水井的构造可以分几类？

单井按水井的构造可分为如下几类。

(1)管井

通常将直径较小、深度较大和井壁采用各种管子加固的井型称为管井。这种井型须采用专用机械施工和机泵抽水，故群众习惯上称为机井。管井是使用范围最广泛的井型，可适用于开采浅、中、深层地下水，深度可由几十米到几百米以上，井壁管和滤水管多采用钢管、铸铁管、石棉水泥管、混凝土管和塑料管等。管井采用钻机施工，具有成井快、质量好、出水量大、投资省等优点，在条件允许的情况下应尽可能采用管井。

(2)筒井

筒井一般是由人工或机械开挖，井深较浅，井径较大，用于开采浅层地下水的一种常用井型。因其形状类似圆筒而得名,因其口大,常称筒井。井深一般为 10 ~ 20 米,深的达 5 0 ~ 60 米,直径一般为 1 ~ 2.5 米,也有直径达 10 米以上的。筒井多用预制混凝土管、钢筋混凝土管或用砖石材料圈砌,故也叫砖井、石井等。筒井由井头、井筒、进水部分和沉砂部分组成。筒井具有出水量大、施工简单、就地取材、检修容易、使用年限长等优点,但由于潜水位变化较大,对一些井深较浅的筒井会影响其单井出水量,另外由于筒井的井径较大,造井所用的材料和劳力也较多。它主要适用于埋藏较浅的潜水、浅层承压水丰富、上部水质为淡水的地区。

(3)筒管井

筒管井是在筒井底部打管井,是筒井和管井结合使用的一种形式。筒管井施工容易、投资少、便于取水。它适用于浅层水贫乏、深层水丰富的地区,在旧筒井地下水下降、出水量减少时,也可将其底部打成管井,增加井的出水量,或者在筒井施工继续开挖有困难时,用钻机施工,打成管井。

(4)辐射井

辐射井是由垂直集水井和若干水平集水管(孔)联合构成的一种井型。因其水平集水管呈辐射状,故将这种井称为辐射井。集水井不需要直接从含水层中取水,因此井壁和井底一般都是密封的,这样方便于施工时用做安装集水管的工作场所和成井后汇集辐射管的来水,同时便于安装机泵。辐射管是用以引取地下水的主要设备,均设有条孔,地下水可渗入各条孔,集中于集水井中;辐射管一般高出集水井底 1 米左右,以防止淤积堵塞辐射管口;辐射管一般沿集水井四周均匀布设,数目为 3 ~ 10 根,其长度根据要求的水量和土质而定,一般为3米左右。辐射井主要适用于含水层埋深浅、厚度薄、富水性强、有补给来源的砂砾含水层；裂隙发育、厚度大的含水层；富水性弱的砂层或黏土裂隙含水层；透水性较差、单井出水量较小的地区。此外，其他井型还有坎儿井、真空井等。

127. 单井设计按井底坐落位置可以分几类？

水井根据开采含水层的深度不同，可分为完整井和非完整井两种。

(1)非完整井

当井的进水部分只穿过含水层的部分厚度时称为非完整井。如井底坐落在第一个含水层内以提取潜水的水井称为潜水非完整井。如井底坐落在第一个含水层以下的各个含水层内，则称为承压非完整井。地下水不仅可从井壁或井底汇入，也可从井壁井底同时汇入。

(2)完整井

井穿过所开采含水层的全部厚度，并达到不透水层隔水底板时称为完整井。在完整井的条件下，地下水仅通过井壁汇入井中。如井底坐落在第一个隔水层上以提取潜水的井，称为潜水完整井；如井底坐落在第二个或以下各个隔水层上以提取层间承压水的井，则称为承压完整井；以提取潜水和承压水的井，称为潜水承压完整井。

128. 井位与井网布置应注意哪些问题？

井位的选定与井网的布置，对灌溉效益和抽水成本有着直接影响，除首先考虑地质条件外，还应考虑以下几个问题：

(1)结合地形条件，便于自流灌溉。地形平坦时，井位尽量布置在田块的中心，以减少渠道输水损失和缩短灌水时间。地形单向倾斜或起伏不平时，井位可设在灌溉田块地势较高的一端，以利于灌水和减少渠道的填方量。

(2)考虑含水层分布和地下水流向，减少井群抽水干扰。在地形平坦、地下水力坡度较小时，应按网格状布置。

沿河地段，含水层呈平行河道的带状分布，井位应按直线布置。在地下水力坡度较大的地区，井网应垂直地下水流向交错布置。对于井渠双灌区，井要和渠道平行相间布置。

(3)考虑渠、沟、路、林、电的综合规划，做到占地少，利于交通、机耕和管理，输电线最短。

(4)在原有井灌区布井，应优先考虑旧井的改造利用，不要轻易废除旧井，以免造成浪费。

129. 井灌区规划布置应该遵循哪些原则？

井灌区渠系规划布置，一般与渠灌区的田间系统基本相似。由于机井的出水量通常较小，且大小又不均匀，单井的灌溉面积也难以完全相等，各井独立一套渠系，所以又不能与渠灌区的田间系统完全相同。

目前，北方地区的井灌区，方田多控制在200～400亩，少数也有达500亩的。条田多为30～60亩，条田长度要视当地农业机械的类型，中型不宜小于300～400米，小型可降至200米左右，条田宽度也要适应农业机具和灌水技术的要求。

按各地经验，如当单井灌溉面积在200亩以下者，渠道系统多采用两级渠道，即相当于渠灌区的农、毛渠。而当单井灌溉面积为200～500亩甚至更大时，则宜采用三级渠道，即相当于渠灌区的斗渠、农渠、毛渠。

当灌区地形坡度比较平缓,在 1 / 300 ～ 1 / 1000 时,一般采用纵向布置形式(最末一级固定渠道走向与灌水方向一致)。如地面相当平坦,为了减少输水渠道,宜采用双向输水和灌水。当灌区地形坡度较陡,甚至达 1 / 300 以上时,则多用横向布置形式(最末一级固定渠道走向与灌水方向垂直)。

在平原井灌区应用低压管道灌溉系统比较普遍,其基本固定管网布置可根据水井位置、浇灌面积、田块形状、地面坡度、作物种植方向等条件确定。

130. 怎样选择方塘塘址?

方塘适宜修建在地下水埋深较浅的潜层地下水区、沿河两岸、山丘区常流水溪(沟)两岸、古河道的两边。宜打沉井、大口井地区亦可修建方塘。方塘必须有一定的地下水资源保证,否则将成为干塘。

131. 方塘施工程序是怎样的?

(1)按设计要求备足方塘四周护砌块石料。

(2)划定现场开挖线。

(3)人工或机械进行塘内开挖,其方法与大口井大体相同,一般方塘面积较大,可以有较多的人或机械在塘内施工,并可直接把土运出去,不需提升设备。

(4)当开挖到一定深度,塘内积水影响施工时,应采取临时机械强排,以确保施工顺利进行,直至塘四周护砌完毕为止。

(5)块石护砌四周边墙高度超过地面 0.5 米,以防表面强砂流入塘内,边墙上部砌筑护坎(或称齿墙),护坎高05.米、宽

0.4 米、长 1.0 米,每隔 1.0 米修筑一个。

(6)边墙地面以上内外壁抹 1.0 厘米厚的砂浆。

(7)根据方塘水源状况、灌溉面积和需提水高度选用提水设备。

蓄水引水提水工程管理

132. 我国的蓄水工程有哪些?

常见的蓄水工程按蓄水量从大到小分,有水库、塘坝和水窖等。在利用河川或山丘区径流作灌溉水源时,壅高水位,可在适当地段筑拦河坝以构成水库;还可修筑塘坝等拦截地面径流;也可修建水窖集雨蓄水。通过建设蓄水工程,可以达到调节径流、以丰补歉、发展灌溉、增加供水等目的,从而提高抗旱减灾能力。

133. 水库的作用是什么?

水库的兴利作用就是进行径流调节,蓄洪补枯,使天然来水能在时间上和空间上较好地满足用水部门的要求。水库在发展灌溉、抗御水旱灾害、保证农业稳产高产、保障人民生命财产安全、提供城乡用水、发展农村经济等方面发挥了作用,取得了极其显著的经济效益和社会效益。

134. 如何规划布置小型水库?

水库工程是否安全可靠,对政治、经济和人民生活都有很大的影响。因此,修建水库之前必须对水库及附近地形、地质、水文和自然地理条件进行实地勘测,对社会经济情况进行全面了解和分析研究,为工程设计提供必要的资料。在进行小

型水库规划与勘测时,要考虑以下一些方面的内容:

(1)库址勘查。库址要尽量利用天然地形。

(2)水库地形的测量。小型水库由于库区面积较小,可将库区和坝区合在一起测绘,测绘方法可按有关测量技术规范进行,测绘比例尺采用1∶500～1∶5000。

(3)流域面积测量。流域面积一般不测量,可从水利主管部门小比例尺地形图上画出流域界线,然后量算流域面积。如果找不到小比例尺的地形图,也可以进行实地测量,一般比例尺为1∶5000～1∶10000。

(4)地质勘察。水库的地质条件是保证工程安全的决定性因素之一,必须认真勘察。库区地质勘察主要是防止库区渗漏、库边岸坡坍塌。因库盆接触地层岩性能不同,出现的工程地质问题大体可分为五类:

①库盆为非岩熔化的岩石地区,这种库区较为理想;除个别断层破碎带有渗漏外,一般不会渗漏。

②库盆为岩溶化的岩石地区,即石灰岩喀斯特地区,渗漏性大,甚至有溶洞存在,在此地区修建水库应慎重,因为渗漏问题难以处理。

③库盆为松散的砂性土、砂卵石强透水性地区,易产生大渗漏,不宜修库筑坝。

④库盆为松散的黄土或黄土状土地区,遇水易产生湿陷坍岸,增加水库淤积量,不适合建水库。

⑤库盆为黏性土等相对隔水层地区,一般不会有渗漏,适宜建库筑坝。

(5)建筑材料调查。建筑材料储存的多少、运输距离的远近直接关系到工程造价。小型水库主要应选好筑坝材料，不但质量要符合要求，而且储量应为工程量的 2～3 倍。建筑材料的质量、储量和水库规划选择坝型密切相关。如有渗透性较差的黏性土壤，则可建黏土心墙坝；如只有一般性土壤，则宜建均质坝。

135. 水库库址的选择要注意哪些问题？

水库库址的选择非常重要，关系到工程的安全、造价及经济效益等，在尽量利用天然地形的指导思想下，主要有以下几方面考虑：

(1)坝址处的谷口要窄、蓄水库容要大，即满足"口小肚大"的原则。

(2)坝址的上游地形要平坦开阔，河流纵坡要比较平缓。

(3)集水面积要适当，而坝址以上的集水面积最好为灌溉面积的 1.5～2.0 倍。

(4)地质条件可靠。坝基和大坝两岸山坡的地质条件要好，不漏水，如有漏水，也必须能堵塞。大坝不宜修筑在不能堵塞的岩层断裂带或有洞口的地基上。

(5)坝址附近要有足够的和质量较好的筑坝材料。

(6)坝址处要具备利于修筑各种建筑物和便于施工的条件。

(7)水库要靠近灌区，最好是在容易修建渠道的地方。因为水库离灌区太远，渠道长，渠系建筑物会相应增多，放水时，沿途的渗漏损失也大，很不经济。

(8)在能够获得相同效益的条件下，水库的淹没范围要小，移民的户数要少。

136.塘坝的作用是什么？

塘坝是指拦截和贮存当地地表径流的蓄水量不足 10 万立方米的蓄水设施，是广大农村尤其是丘陵地区灌溉、抗旱、解决人畜用水等的重要水利设施。根据蓄水量的大小不同，塘坝可分为大塘和小塘。大塘也称当家塘，蓄水量超过 1 万立方米，与小塘相比，其灌溉面积大，调蓄能力强，作用大，成效好。根据水源和运行方式的不同，塘坝可分为孤立塘坝和反调节塘坝两类。孤立塘坝的水源主要是拦蓄自身集水面积内的当地径流，独立运行(包括联塘运行)，自成灌溉体系；反调节塘坝除拦蓄当地径流外，还依靠渠道引外水补给渠水灌塘、塘水灌田，渠、塘联合运行，"长藤结瓜"，起反调节作用。

137.塘坝优点有哪些？

塘坝具有分布范围广、数量多、作用大、投工投资少等特点，可就地取材，施工技术简单，群众能够自建、自管、自用，一般能当年兴建、当年受益。相比其他小型蓄水工程，塘坝具有以下几个显著优点：

(1)可以充分拦蓄当地径流、分散蓄水、就近灌溉、就地受益、供水及时、管理方便，适应丘陵地区地形起伏、岗冲交错中分散农田的灌溉(岗：较低而平的山脊；冲：山区的平地)。同时，还可以缩短输水距离与灌水时间，减少承量损失，提高灌水效率，并有利于节水灌溉措施的推广。

(2)利用塘坝蓄水灌溉，可以减小灌区提、引外水工程的规模，同时可减小渠首及各级渠道和配套建筑物的设计流量，相应减小渠道断面和建筑孔径，从而节省其工程量和投资。

（3）可以拦蓄一部分灌区废弃水和灌溉回归水，增加灌区供水量，缓解灌区水量不足的矛盾。同时，还可调节水量，削减引用外水高峰，减少用水矛盾，提高灌溉保证率，扩大灌溉面积，并能节水节能，降低灌溉成本、减轻农民负担。

（4）塘坝蓄水浅，水温高，在低温季节引塘水灌田有利于农作物生长。如利用塘坝提高水温，促进水稻增产。而大中型水库放水灌溉，由于库大水深，经底涵放出的水，水温较低，直接灌田会造成寒害，对水稻生产不利，影响产量。

（5）塘坝可以缓洪减峰，防治水土流失，减轻农田洪涝灾害损失。

（6）利用塘坝进行综合开发，解决人畜用水，发展"塘坝经济"，可以促进当地农、林、牧、副、渔业发展，增加农民收入，扩大农村就业门路，发展农村经济，改变农村面貌。

138. 塘址的选择应注意哪些问题？

塘址的选择很重要，关系到工程的造价及安全，主要从以下几方面考虑：

（1）地形条件好，位置高，塘容大，自流灌溉面积大，淹没占地少，有适宜修建溢洪道的位置；工程简单，土方和配套建筑物少；费用省，用工少。俗话说："两岗夹一洼，中间筑个坝。"注意在这种集水面积大、筑坝较容易的地方，多建一些大容量的当家塘。

（2）地质条件好，工程安全可靠，渗漏损失小，能蓄住水。

（3）水源条件好，集水面积大，来水量丰富，无严重污染源、淤积源。

(4)靠近灌区,"塘跟田走",连接渠道短,输水损失小。

(5)施工及交通方便,附近有合适的筑塘土料,取土运土方便,最好能利用挖塘土筑塘埂。

(6)行政区划单一,归属权界定清楚,应尽量避免水源、用水和占地之间的矛盾。

(7)综合利用效益大。

(8)有人畜用水要求的,尽量靠近村庄,或选择位置较高处,能自压给水。

139. 水窖分哪几类其作用如何?

水窖是雨水集蓄利用的主要形式之一,又称为旱井。水窖的分类方法较多,主要有以下几种:

(1)按其用途的不同,可分为人畜饮水水窖和灌溉水窖。前者多建于家庭和场院附近,主要是为了取水方便,建筑材料一般就地取材,水窖容积相对较小,提水设备以人力为主(手压泵);用于灌溉的水窖多建于田边地头,容积相对较大,提水设备包括动力(微型电泵)和人力。

(2)按其建造形式的不同,可分为球形水窖、瓶形水窖、圆柱形水窖、窑式水窖、盖碗式水窖和茶杯式水窖等,其中球形水窖、瓶形水窖、圆柱形水窖和窑形水窖最为常见。球形水窖,窖容大多在20～30立方米,多采用混凝土修筑而成,其特点是经久耐用,但施工要求技术较高;瓶形水窖,窖容大多为20～50立方米,可用混凝土、砖砌、胶泥、塑膜等材料修成,其特点是施工简单,深度可以较大;圆柱形水窖,窖容多在50立方米左右,蓄水量较大,多用混凝土现浇和砖砌修建而成,由于体积较大，所以对防渗处理要求较严；窑式水窖，窖容一般在50～100立方米，其断面呈长方形，由于跨度较大，施工要求较高，尤其对窑拱的设计甚严，投资较高，多用于经济效益高的果园或经济作物。

(3)按建造位置的不同，可分为土质地区水窖和岩石地区水窖。

(4)按其上部结构的不同，可分为自然土拱窖和刚性材料盖窖。

(5)按其防渗材料的不同，可分为有钢筋混凝土窖和浆砌水窖。

修建水窖的主要目的是解决人畜饮用水困难、发展农业灌溉等。相比其他小型蓄水工程，水窖具有适应性强、工程规模小、施工技术简便、工期短、可就地取材、费用低、供水成本低廉等显著特点。在缺乏地表水或地下水，或开采利用困难，但多年平均降水量在250～550毫米之间的旱地农业区，或在季节性缺水严重但降雨充沛的旱山、石山、丘陵地区，可以考虑开发利用雨水资源，兴建微型集雨工程。在我国西北黄土高原丘陵沟壑区及华北干旱缺水山丘区，水资源极为紧缺，多年平均降雨量仅为250～600毫米，且60%以上集中在7—9月，与作物需水期极为不匹配；在西南一些山区，尽管年降雨量达800～1200毫米，但85%的降雨集中在夏、秋两季，且这些地区多属喀斯特地貌，河谷深切、地下水埋藏深、耕地和农民居住分散、水资源开发难度大、不具备修建大型骨干水利工程的条件等，是其季节性干旱缺水的主要原因。在上述地区大力开发水窖等微型集雨工程是解决贫困山区人畜饮用水困难,确保农业灌溉可持续发展的有效途径之一。

140. 怎样规划布置水窖?

在水窖规划时,要特别注意两点:一是对集流面产水能力、单位面积集水效益进行评估。集流是水窖建设的直接目的,而集流场是雨水集蓄的源头,关系到整个集雨水窖工程的运行。集流效益取决于集流面积的大小及集流面产水能力,而集流面产水能力涉及两个方面,即降水量大小与降水强度特征和集水材料与集水效率。二是通过需水分析确定生活用水和生产用水需求,并以此为依据确定水窖最大布设密度和合理布设密度。水窖的规划应遵循以下几项原则:

(1)因地制宜的原则。由于水窖的类型多样及各地工程条件的差异,因此要根据当地的实际情况,因地制宜地选用合适的集流场和水窖的类型。

(2)多目标利用的原则。尽量将人畜饮用水、养殖、庭院经济统一考虑,合理确定规模。

(3)与当前农村管理体制相适应的原则。

(4) 突出效益发挥的原则。在解决人畜饮用水的基础上,利用水窖发展高效农业,提高工程的效益。

141. 水窖选址应遵循哪些原则?

水窖选址是关键,选址是否合理,直接关系到是否能够达到预期的蓄水效果。选址不当,不是蓄不住水,就是坍塌、淤积,或者实际使用年限达不到设计要求。水窖窖址要具备集水容易、引蓄方便的条件,按照少占耕地、安全可靠、来水充足、水质符合要求和经济合理的原则进行。具体方法如下：

(1)窖址应选在降水后能产生地表径流，有一定集水面积且能自流入窖的地方。一般采用自然坡面、屋面集雨作为水源，其选择原则是能最大限度地拦蓄地面、屋面、路面和场院径流，或者具备引蓄泉水及其他骨干水利工程可提供补充水量的条件。有条件的地方，最好能选择靠近泉水、引水渠、溪沟、道路边沟等便于引蓄天然径流的场所；如无引蓄天然径流条件，需开辟新的集雨场，修建引洪沟引水。

(2)主要用于解决生活用水的水窖，应选在庭院或场院的较低处，便于集水、引水、取水和用水；主要用于灌溉的水窖，应选在灌溉农田附近并尽量高出农田，集水、引水和取水都比较方便的地方，坡面集雨应充分利用地形高差多建自压灌溉水窖。

(3)窖址应选在土质坚硬且均匀的土层上，且无裂缝、无滑坡、无陡坡、无陷穴的地方，远离沟边20米以上，切忌建在大树、隐穴等地质条件不好的地方。

142. 引水工程分哪几类？

所谓引水工程，指从河道等地表水体自流引水的工程(不包括从蓄水、提水工程中引水的工程)。当河流水源虽较丰富，但水位较低时，可在河道上修建壅水建筑物(坝或闸)抬高水位，自流引水灌溉，形成有坝引水的方式。在灌区位置已定的情况下，与无坝引水相比较，有坝引水虽然增加了拦河坝(闸)工程，但引水口一般距灌区较近，可缩短干渠线路长度，减少工程量，且能有效控制河道水位，增加引水可靠性。在某些山区丘陵地区,洪水季节虽然流量较大,水位也够,但洪、枯季节变化较大,为了便于枯水期引水,还需修建临时性低坝。有坝引水枢纽由于坝高及上游库容较小,一般只能壅高水位,没有或仅在很小程度上起调节流量的作用,通常适用于河道流量能满足各时期用水要求,但水位低于正常引水位的情况。

143.怎样规划布置引水工程?

引水工程枢纽的规划布局是否合理,直接关系到工程效益的发挥以及工程安全、造价等。在进行引水工程规划布局时,通常应满足以下要求:

(1)适应河流水位涨落变化,满足灌溉用水量要求。

(2)进入渠道的灌溉水含沙量少。

(3)引水枢纽的建筑物结构简单,干渠引水段较短,造价低且便于施工和管理。

(4)所在位置地质条件良好,河岸坚固,河床和主流稳定,土质密实均匀,承载力强。

由于河槽的主流总是靠近凹岸,渠首引水工程一般设置在河道的凹岸中点偏下游处,引水渠道的中心线同河道主流线的夹角不大于30°~40°,这样还可利用弯道的横向环流作用,防止泥沙淤积渠口和防止底沙进入渠道,避开凹岸水流顶冲的部位。当因灌区位置及地形条件的限制无法把渠首引水工程布置在凹岸,而必须放在凸岸时,可把渠首放在凸岸中点偏上游处,这里泥沙淤积较少,同时可通过加长导流堤到主流等工程措施,造成"人工环流",把水引入渠口。

144. 常用的防沙措施有哪些?

由于渠首引水工程中不设或仅设很低的拦河建筑物,故引水河段水深与天然情况下的水深相比增加不多,而引水比一般较大,在山区河流上枯水期甚至达100%。与从水库引水相比,泥沙问题显得更加突出,故在引水枢纽的规划布置中妥善解决防沙、排沙问题,常成为枢纽运行成败的关键。常用的防沙措施有:

(1)利用弯道环流作用,使表层含沙量小的水流向凹岸,含沙量大的底层水流向凸岸,将进水口设在弯道凹岸,以引取表层水。

(2)利用含沙量沿水深分布不均匀的规律,引表层较清水入渠,底层设冲沙廊道或冲沙闸等用以排沙。

(3)设置能壅高水位、降低流速、使有害泥沙下沉的沉沙槽、沉沙渠、沉沙池等,以减少入渠泥沙。

(4)在进水口设水平或倾斜栏栅,拦截大粒径底沙入渠。

145. 什么是提水工程?

提水工程指从河道、湖泊等地表水或从地下提水的工程(不包括从蓄水、引水工程中提水的工程)。提水灌溉是指利用人力、畜力、机电动力或水力、风力等拖动提水机具提水浇灌作物的灌溉方式,又称抽水灌溉、扬水灌溉。提水工程除需修建泵站外,一般不需修建大型挡水或引水建筑物;受水源、地形、地质等条件的影响较小,一次性投资少、工期短、受益快,并能因地制宜地及时满足灌溉的要求,但在运行期间需要消耗能量和经常性地进行维护修理,其管理费用比自流灌溉较高。

146. 泵站的作用是什么？

泵站是指利用机电提水设备将水从低处提升到高处或输送到远处进行农田灌溉与排水的工程设施。1924 年，中国在江苏武进县湖塘乡建成第一个电力排灌泵站——蒋湾桥泵站。至1949 年，全国农田排灌动力只有7.1 万千瓦，机电排灌面积405 万亩，占当时全国灌溉面积的 1.6％，主要分布在江苏、浙江、广东等地。50 多年来，全国兴建了一大批机电排灌泵站。在大江大河下游(如长江、珠江、海河、辽河等三角洲)以及大湖泊周边的河网圩区，地势平坦，低洼易涝，河网密布，主要发展了低扬程、大流量，以排涝为主、灌排结合的泵站工程；在以黄河为代表的多泥沙河流区域，主要发展了以灌溉供水为主的高扬程、多级接力提水泵站；在丘陵山区，蓄、引、提相结合，合理设置泵站，与水库、渠道贯通，以泵站提水解决了地形高低变化复杂、地块分布零散的问题。

147. 泵站级别如何划分？

泵站装机流量或装机功率是直接反映工程规模的两项主要指标，因此，应根据泵站的装机流量和装机功率的大小进行等级划分。低扬程工程一般按泵站装机流量的大小分等，高扬程工程一般按泵站装机功率的大小分等。由于泵站设计取用的防洪或挡潮标准中，挡水部位顶部安全超高值和各种安全系数允许值，一般只与单个泵站的设计级别和运用条件有关，因此，作为工程分等指标的装机流量或装机功率，应为单站装机流量或单站装机功率，参见下表。若泵站工程是由多级或多座泵站联合组成的，则可按其整个系统的分级指标确定；当泵站分别按两个分级指标划分，得到两个不同的等级时，应以其中较高者为准。

泵站等级划分标准

规模	大(一)型	大(二)型	中型	小(一)型	小(二)型
单站装机流量(m³/s)	> 200	200~50	50~10	10~2	< 2
单站装机功率(兆瓦)	30	30~10	10~1	1~0.1	< 0.1

148. 泵站规划布置要注意哪些事项？

泵站的总体布置应根据站址的地形、地质、水流、泥沙、供电、环境等条件，结合整个水利枢纽或供水系统布局、综合利用要求、机组形式等，做到布置合理，有利施工，运行安全，管理方便，少占耕地，美观协调，切实做好泵房，进、出水建筑物，专用变电站，其他枢纽建筑物和工程管理用房、职工住房，内外交通、通讯，以及其他维护管理设施的布置，并根据不同泵站的特殊要求，给予重视，做到科学、合理、经济。

在进行泵站的总体布置时，要特别注意根据各种条件的不同，选择合适的布置形式。由河流取水的灌溉泵站，当河道岸边坡度较缓时，宜采用引水式布置，并应在引渠渠首设进水闸；当河道岸边坡度较陡时，宜采用岸边式布置，其进水建筑前缘宜与岸边齐平或稍向水源凸出。由渠道取水的灌溉泵站，宜在渠道取水口下游侧设节制闸；由湖泊取水的灌溉泵站，可根据湖泊岸边地形、水位变化幅度等，采用引水式或岸边式布置；由水库取水的灌溉泵站，可根据水库岸边地形、水位变化幅度及农作物对水温要求等，采用竖井式(干室型)、缆车式、浮船式或潜没式泵房布置。建于堤防处且地基条件较好的低扬程、大流量泵站，宜采用堤身式布置；而扬程较高或地基条件稍差或建于重要堤防处的泵站，宜采用堤后式布置。从多泥沙河流上取水的泵站，当具备自流引水沉沙、冲沙条件时，应在引渠上布置沉沙、冲沙或清淤设施；当不具备自流引水沉沙、冲沙条件时，可在岸边设低扬程泵站，布置沉沙、冲沙及其他排沙设施。

149. 泵站站址选择应注意哪些事项？

泵站站址选择的一般规定是根据流域(地区)治理或城镇建设的泵站总体规划规模、运行特点和综合利用要求，考虑地形、地质、水源或承泄区、电源、枢纽布置、对外交通、占地、拆迁、施工、管理等因素以及扩建的可能性，经技术经济比较选定。泵站站址宜选择在岩土坚实、抗渗性能良好的天然地基上，不应设在大的和活动性的断裂构造带以及其他不良地质地段，如遇淤泥、流沙、湿陷性黄土、膨胀土等地基，应慎重研究确定基础类型和地基处理措施。在进行泵站站址的选择时，还要特别注意根据泵站用途的不同，选择合适的位置。由河流、湖泊、渠道取水的灌溉泵站，其站址应选择在有利于控制提水灌溉范围，使输水系统布置比较经济的地点。灌溉泵站取水口应选择在主流稳定靠岸，能保证引水，有利于防洪、防沙、防冰及防污的河段；否则，应采取相应的措施。由潮汐河道取水的灌溉泵站取水口，还应符合淡水水源充沛、水质适宜灌溉的要求。直接从水库取水的灌溉泵站，其站址应根据灌区与水库的相对位置和水库水位变化情况，研究论证库区或坝后取水的技术可靠性和经济合理性，选择在岸坡稳定、靠近灌区、取水方便、少受泥沙淤积影响的地点。灌排结合泵站站址，应根据有利于外水内引和内水外排，灌溉水源水质不被污染，以及不致引起或加重土壤盐渍化，并兼顾灌排渠系的合理布置等要求，经比较选定。供水泵站站址应选择在城镇、工矿区上游，河床稳定、水源可靠、水质良好、取水方便的河段。梯级泵站站址应根据总功率最小的原则，结合各站站址地形地质条件，经比较选定。

抽水方式的选择是指在确定了水源和灌区范围以后，采用一处集中建站还是多点建站？是单级抽水还是多级抽水？一般在灌区面积较小，地形比较单一，扬程又不大时，多采用单级扬水，一处建站；如果灌区面积较大，地形复杂，抽程有高有低，则多采用分区建站、多级扬水。不管是站址还是抽水方式的选择，都要综合考虑各种条件，具体情况具体分析。实际中，往往还要对不同的方案进行分析比较，使抽水站既满足灌溉要求，又经济合理。

150. 机电井的作用是什么？

在我国，机电井的发展主要经历了 20 世纪 50—60 年代的初步开发阶段、70 年代的大规模建设阶段和 80—90 年代的巩固发展阶段。截至 2005 年底，全国机电井共计 978.57 万眼，灌溉面积达 2.56 亿亩，其中河南、山东、河北三省分别达到 122 万眼、107 万眼和 92 万眼。机电井的作用主要有以下几个方面：

(1)发展了农业灌溉，促进了农业高产稳产。为缓解地面水资源不足的矛盾，抗旱保生产，北方 17 省(市、区)1200 多个县旗都先后开展了打井工作，开发利用地下水，发展井灌面积 2.56 亿亩，占北方地区总灌溉面积的 1/3，河北、河南、黑龙江、内蒙古、北京等省市机电井灌溉面积占有效灌溉面积的比例都超过半数以上，山东、山西、吉林、辽宁等省也接近一半。年提取地下水 400 亿～500 亿立方米，对改变北方地区农业生产面貌,促进农业增产起到了重要作用。50—60 年代,北方地区粮食不能自给,需要从南方调入。到 1979 年,北方仅 9 个省(区、市)的粮食总产就达到 1011.15 亿公斤,占全国粮食总产的 30.44%。

(2)改善和开辟了缺水草场,发展了牧区水利。北方 84 个牧区县(旗),有 79 个县(旗)装备了打井队,建成供水基本井 3100 多眼,加上其他小型水利设施,改善供水不足草原和开辟无水草原 11 万平方公里,发展饲草饲料基地灌溉面积 6.1 万亩,为牧业发展创造了条件。

(3) 解决了部分地区人畜饮水困难。在长期缺水的山丘区、牧区、黄土塬区和地方病区,通过打井,开发利用地下水,解决了约 2 亿多人和 1 亿多头大牲畜的饮水困难,同时发展了农田灌溉,许多地方结束了"滴水贵如油,年年为水愁"的历史。

151. 机电井分哪几类?

机电井的分类方法较多,主要有以下几种:

(1)按井的深度分为浅井、中井和深井。平原地区,井深小于 50 米为浅井,50 ～ 150 米为中井,大于 150 米的为深井;山区岩石井,井深小于 70 米为浅井,大于 70 米为深井。

(2)按井的口径分为筒井和管井。筒井口径一般在 0.5 米以上,深度较小,包括土井、砖井及大口井等;管井主体部分的口径一般小于 0.5 米,通常较深。

(3)按成井机械分为钻机井、人工架与锅锥井。一般,钻机井深度较大,多指中深井;人工架与锅锥井深度较小,均为中浅井。

(4)按井管的材料分为铁管井、石棉(水泥)管井、钢筋混凝土管井、塑料管井等。

(5)按水力性质分为承压井和潜水井。一般地,承压井多为深井或中井;潜水井则浅井居多。

(6)按井的构造特点分为辐射井、卧管井、梅花井、虹吸井等。

152. 怎样规划布置机电井?

为使地下水的开发能够有计划和有控制地进行,在制订下水开发利用规划时,应根据各含水层的可采资源,确定各层水井数目和开采水量,做到分层取水,浅、中、深合理布局。在浅层淡水比较充足的地区,以开采浅层水为主,将深层水作为后备水源,平时尽量减小深层水的开采量,以备大旱和连旱之年抗旱保收之用。在浅层淡水缺乏又无地面水可供利用的地区,为了保证工农业用水需要,在一定时期内可以有计划地开采深层水,但必须预见地下水位下降、地面下沉和咸水界面下移等现象出现的可能性,争取在这些现象发生之前,采取有效措施,确保工农业用水的需要。机电井的平面布置应根据水文地质条件、地下水资源状况并与地形、提水机械、老井和作物布局等情况结合起来考虑,保证在任何时间灌溉工作都能正常进行,在多年应用中取水量不减少,取水条件不恶化。

我国地域辽阔,水资源状况差异悬殊,地下水类型、埋藏深度和含水层性质等取水条件以及取材、施工条件和供水要求各不相同,开采地下水的方法和取水建筑物的选择必须因地制宜,参见下表。管井具有对含水层的适应能力强,施工机械化程度高、效率高、成本低等优点,在我国应用最广;其次应用较多的是大口井;辐射井适应性虽强,但施工难度大。

井灌区规划的总体原则包括:

(1)地下水资源评价应按水文地质单元进行。

(2)应保证机电井水量不减少,提水条件不恶化,结合地形综合考虑灌溉、排水、农田、林地和道路等的总体规划。

各种机电井类型适用表

井型	适用范围				出水量
	地下水类型	地下水埋深	含水层厚度	水文地质特征	
管井	潜水,承压水	200米以内,常在70米以内	大于5米或有多层含水层	砂、砾石、卵石地层及构造裂隙、岩熔裂隙地带	单井出水量500~6000米³/天,最大20000~30000米³/天
大口井	潜水,承压水	一般10米以内	一般5~15米	砂、砾石、卵石地层,渗透系数最好在20米/天	单井出水量500~10000米³/天,最大20000~30000米³/天
辐射井	潜水,承压水	埋深12米以内,辐射管距隔水层应大于1米	一般大于2米	补给良好的中粗砂、砾石层,但不可含有漂石	单井出水量5000~50000米³/天,最大310000米³/天

(3)在充分利用水源,便于灌溉、排水、机耕和作物种植等条件下,做到渠直、路正、地平、线路短和机电井成排成行。

(4)充分利用地面水,合理开发地下水,做到地面水与地下水、深层承压水与浅层潜水、基岩地下水与松散岩浮水统筹安排,全面规划。

(5)制定合理井距,以防止群井同时抽水造成干扰。

(6)应因地制宜选择井型、井距,不应强求统一。

(7)必须与旱涝盐碱综合治理、统一规划,科学进行地下水开发利用。

(8)应将原有机电井纳入规划,以降低井灌区的开发成本。

(9)井灌区规划应做到以点带面,在典型设计的基础上进行示范推广。

153. 调水工程的作用是什么?

调水即指将水资源从一个地方(多为水资源量较丰富的地区)向另一个地方(多为水资源量相对较少或水量紧缺的地区)调动,以满足区域或流域经济、社会、环境等的可持续发展对水资源量的基本需求,解决由于区域内水量分配不均或其他原因引起的非人力因素无法解决的区域局部缺水问题及由于缺水而引发的其他方面的问题。调水工程是指为了从某一个或若干个水源取水,并沿着河槽、渠道、隧洞或管道等方式送给用水户而兴建的工程。调水工程是一种工程技术手段,它可解决水资源与土地、劳动力等资源空间配置不匹配的问题,实现水与各种资源之间的最佳配置,从而有效促进各种资源的开发利用,支撑经济发展。在此侧重讨论跨流域调水工程,即旨在通过在两个或多个流域之间调剂水量余缺,所进行的合理开发利用水资源的工程。

154. 调水工程分哪些类别?

国内外已建和在建的许多调水工程,就其规模、用途、技术方案、控制区域的自然地理条件而言千差万别,因此,调水工程的分类方法也多种多样。

(1)根据水文地理标准(河系之间的水流再分配性质),可将调水工程分成三类,即局域(地区)调水工程、流域内调水工程和跨流域调水工程。

（2）根据兴利调水的主要目标，可将跨流域调水工程分为五类：第一类是以航运为主的跨流域通水工程，如我国古代京杭大运河；第二类是以灌溉为主的跨流域灌溉工程，如我国甘肃省引大入秦工程等；第三类是以供水为主的跨流域供水工程，如我国广东省的东深供水工程、河北省的引滦济津工程和山东省引黄济青工程等；第四类是以水电开发为主的跨流域水电开发工程，如澳大利亚的雪山工程、我国云南省的以礼河梯级水电站开发工程等；第五类是跨流域综合开发利用工程，如美国中央河谷工程和加州水利工程等。

（3）根据调水量和输水距离乘积的综合指标，可将调水工程分成：小型工程（小于 1000 亿 $m^3/(a \cdot km)$）、中型工程（1000 亿～10000 亿 $m^3/(a \cdot km)$）、大型工程（10000 亿～50000 亿 $m^3/(a \cdot km)$）、特大型工程（50000 亿～250000 亿 $m^3/(a \cdot km)$）和巨型工程（大于 250000 亿 $m^3/(a \cdot km)$）。

（4）根据主要输水建筑物，可将跨流域调水工程分为渠道输水、管道输水、隧洞输水、河道输水及上述多种形式相互结合的混合输水方式等类型。

（5）按照经济属性和投资责任主体，可将调水工程分为纯公益性、准公益性和经营性等形式。

155. 如何确定可调水量？

兴建调水工程的先决条件包括三方面，即水量调入区对水有紧迫需求，水量调出区在满足自身当前和未来社会经济可能发展水平的用水需求条件下有多余水可供外调，以及水量通过区可以解决输水和蓄水问题。但现在的问题是，调入区往往过分强调供水补给而忽视了对用水实际需求的研究，调出区则容易过多地强调本地区社会经济发展的相对重要性，而增大本地区未来的用水需要量。如何正确评估水量调入区的用水需求和水量调入区未来社会经济发展水平，是研究确定调入区未来水量大小的重要依据，需要进行以下研究：

(1)研究有关可能实行调水工程建设地区的资源分布情况(包括土地、人口和矿产等资源)、社会经济发展潜力以及水资源供需状况和水资源开发利用与节水潜力等，根据技术上可行、经济上合理、地区间矛盾较易解决、对环境和社会影响较小的原则，确定调水规模以及相应的供水范围。

(2)针对调水工程的供水范围，根据国家和地区的发展计划，综合研究调入区的用水需求量和节水潜力、调出区的社会经济发展水平与可调水量承载力、水量过去的调蓄能力与需补水量。

(3)研究调水工程运行管理的可靠性和风险性。它包括研究水源与供水区的降水规律及水文特性，研究确定调水工程的供水可靠度等，以便弄清调水工程运行过程中可能出现的风险及其影响程度，提出提高供水可靠度的对策方案。

156. 调水工程环境影响如何评估？

实施调水工程之后，一些流域和地区的水量会减少，另一些流域和地区的水量则增多，这种水资源量时空分布的人工干预势必对工程全线的水质与生态环境等产生影响。调水工程的环境影响主要涉及水量调出区、水量通过区和水量调入区三个方面，在进行调水工程规划管理时，需要慎重分析评估，并制定相应的应对措施，以期将不良影响降至最小。

水量调出区因水量调出可能产生的环境问题,主要有以下几个方面:

(1)调水将可能不同程度地影响到水源局部地区,例如气温升高、水温升高、水质恶化、泥沙淤积、水生生物发生变迁、淹没文物、破坏自然景观。

(2)调水有利于减轻水源下游地区的洪涝灾害,但也会因下游水量的减少而导致下游河道的航深降低、河道冲淤规律变化、生物多样性消失、已有水利工程设施功能降低甚至失效、农业灌溉面积减少。

(3)若引水口距河流入海口较近,还会改变河口水位,导致河口泥沙淤积,增加海水入侵几率,引起河口近海生态系统变化;若在某流域的支流引水,则可能会因该交流汇入干流的水量减少,导致支流受干流河水顶托而排污能力下降,在支流出口处造成水质恶化等。

157. 水量通过区可能产生哪些环境问题?

(1)利用天然河道输水和湖泊调蓄,将改变原河流和湖泊的水文、水力特征。

(2)输水沿线水量的增加,一方面有利于改善沿线的水质环境,可能使水生物和鱼类的数量、种类增多;另一方面,如果输水沿线存在水污染源且向输水渠道或河道排放,则将会导致调水量受到污染。

(3)输水沿线若存在膨胀土、滑坡、断层、地震多发区等不良地质条件,则容易导致渗漏和崩塌,甚至诱发局部地震,给沿线的生态环境造成较大破坏。

(4)当输水线路经过较强暴雨区时,可能产生水源区与通过区或供水区之间的洪水遭遇,形成更大的洪涝灾害;当输水线路与地表水流向或地下水流向正交时,则可能因阻止了地表水或地下水的出路而导致洪涝灾害。

(5)输水沿线的输水渗漏,一方面有利于抬高地下水水位、缓解输水沿线的供水紧张状况,另一方面也可能导致土壤次生盐碱化。

(6)当输水线路经过人口稠密地区时,一方面可为居民增加新水源和风景区,另一方面也会导致大量移民和工矿企业及城镇的搬迁。

(7)输水工程施工时,会引起输水沿线的地貌与生态景观改变和环境污染等。

158. 规划管理不合理时水量的增多会导致哪些不良影响?

通常,规划管理合理的调水工程,会给水量调入区带来明显的环境效益,譬如可为调入区的工业、生活用水提供新的水源,增加灌溉面积和灌溉水量,使生态环境系统得到改善,防止地下水过量开采,促进工业和城市的发展等。但如果规划管理不合理,也可能会因水量的增多而导致一些不良影响。如:

(1)地下水位过度升高,使一些土壤含盐地区引起土壤次生盐碱化。

(2)引起低洼地区土壤潜育化和沼泽化。

(3)引起细菌、病毒通过水媒介蔓延等。

田间排水系统管理

159. 什么是田间排水系统?

田间排水系统是指末级固定沟道(一般为农沟)控制范围内的田间沟网或暗管系统。它是排水系统的基础工程,与骨干排水系统一起,共同完成排除多余地面水和土壤水,降低或控制地下水位,从而有效控制和调节农田的水分状况,为消除涝、渍灾害,防止土壤盐碱化,改良盐碱土,以及为农田适时耕作创造条件;与灌溉系统一起,共同创造适合于农作物生长的良好环境条件,达到农作物旱涝保收、高产稳产的目的。下面主要介绍农田对排水的要求,田间排水沟(暗管)的深度和间距的确定方法,田间排水系统的布置等。

160. 农田对除涝排水的要求有哪些?

由于降雨过多或地势低洼等方面的原因,造成农田里积水过多,超过了农作物的耐淹能力而造成农作物减产的灾害叫涝灾。排除农田中危害作物生长的多余的地表水的措施叫做除涝。我国一些地区,因降雨过多及地势低洼等原因,涝水不能及时排除,农田极易积涝成灾,必须采取工程措施,排除涝水,消除涝灾。

农作物对受淹的时间和淹水深度有一定的限度,如果超过允许的淹水时间和淹水深度,将影响作物生长,轻者导致减产,重者造成死亡。所以,易涝地区的田间排水过程,必须满足在规定的时间内,排除一定标准的暴雨所产生的多余水量,将淹水深度和淹水时间控制在不影响作物正常生长的允许范围之内。

作物允许的淹水时间和淹水深度与农作物的种类和生育阶段有关。棉花、小麦等旱作物的耐淹能力较差，一般在地面积水 10 厘米的情况下，淹水 1 天就会减产，受淹 6～7 天以上就会死亡。一般旱作物的田面积水深 10～15 厘米时，允许淹水时间不超过 2～3 天。

此外，作物允许的淹水时间还与土壤质地和气候条件有关，一般土壤土质黏重和气温较高的晴天耐淹时间较短，砂性土壤和阴雨天允许淹水的时间较长。水稻虽然喜温好湿，能够在一定水深的水田中生长，但若地面积水过深，也会引起减产甚至死亡。

161. 农田对防渍排水的要求有哪些？

由于地下水位持续过高或因土壤土质黏重，土壤根系活动层含水量过大，造成作物根系活动层中的水、肥、气、热失调，而导致农作物减产的灾害叫渍灾。降低地下水位、降低根系活动层的土壤含水量的措施叫做除渍。我国一些地区农田，常因各种原因造成作物根系活动层土壤含水量长期大于适宜含水率而导致渍灾，必须采工程措施，控制和降低地下水位，使土壤含水量保持适宜状况，保证农作物正常生长。

作物根系活动层中土壤含水率的大小与土壤土质及地下水的埋藏深度有着密切的关系。地下水的埋藏深度越浅，根系活动层的含水率越大，当地下水埋藏深度超过某一界限时，根系活动层的平均含水率会超过土壤适宜的含水率，导致土壤中水气比例失调，削弱土壤和大气之间的气体交换，使根系层严重缺氧，影响作物正常的生理活动，最终导致作物减产。

　　土壤含水多，地下水位高，作物的根系稀少且不易扎深，直接影响着作物的生长和产量。我国各地的试验和调查表明，地下水位埋深越浅，根系活动层也越浅。据江苏省昆山和东台试验站实测：当地下水位埋深 0.36 米时，小麦根群集中层深 0.27 米；埋深 1.24 米时，深达 0.53 米。对于棉花，当埋深大于 2 米时，根群集中层深达 0.85 米；而埋深小于 1 米时，只有 0.6 米深。试验和调查也表明，在土壤、施肥和作物等各种条件大致相同时，地下水埋藏越浅，产量也越低。如小麦，3～5 月份，地下水埋深小于 0.2 米，颗粒无收；从 0.2 米增至 0.5 米，每亩可增产 100 千克左右；从 0.5 米增至 0.8 米，可增产 50 千克左右；从 0.8 米增至 1.2 米，可增产 30 千克左右；从 1.2 米增至 1.5 米，则增产不显著。又如棉花，6～8 月份，地下水埋深超过 1 米的天数为 66 天时，亩产皮棉可达 50 千克以上，58 天的 47 千克，19 天的只有 25 千克；若地下水埋深小于 1 米的天数超过 1/3，亩产很难达到 50 千克。

　　由此可见，要使作物免受渍害，就必须具有适宜的地下水埋深，这个埋深应该等于根系集中层深度加上毛管饱和区高度。所谓毛管饱和区高度，是指地下水在毛管力作用下强烈上升的高度，在此高度范围内水分占土壤孔隙的 80% 以上。根系集中层深度一般为 0.2～0.6 米，毛管饱和区高度一般为 0.3～0.5 米。所以，适宜的地下水埋深至少应在 0.5～1.1 米之间。

　　适宜的地下水埋深，随作物种类和生育期不同而不同，一般是播种和幼苗期地下水埋深可小些；幼苗期，小麦要求地下水埋深为 0.5 米左右，棉花为 0.8 ～ 1.0 米；随着作物的生长发育，小麦要求地下水埋深逐渐大于 1 米，棉花则要求为 1.5 米左右。

水稻虽然喜水，但为促进土壤水分交换，改善土壤通气状况，增强根系活力，排除有害物质，同样需要进行田间排水。为协调稻田的水、肥、气、热状况而进行的落干晒田；为便于水稻收割后的机械耕作，都需要及时排除田面水层和土壤中过多的水分，都要求水稻区建立较为完善的田间排水系统。一般认为在晒田期的 5 ～ 7 天内，地下水位以降至地面下 30 ～ 50 厘米为宜；为便于机械耕作，一般要求地下水位离地面 80 厘米左右。

162. 农田防止土壤盐碱化对排水的要求有哪些？

土壤中含可溶性盐分过多，土壤溶液浓度过高，将使作物根系吸水困难，造成作物生理缺水。有些盐分则对作物直接有害，影响作物生长发育而造成作物减产，这种灾害称为盐害。消除作物根系活动层中有害于作物生长的盐分的措施叫做除盐。我国沿海及北方一些地区，由于多种原因造成土壤中可溶性盐分过多，土壤溶液浓度过高，使作物吸水困难，影响作物的生理活动，危害作物生长，极易形成盐灾。因此，必须采取各种措施，从根本上消除盐灾。

因土壤中的盐分主要是一些可溶性盐类，因此，土壤中盐分也主要随水分运动而运动。蒸发耗水时，含盐的土壤水或地下水在土壤中毛管力作用下而上升，水分从地表蒸发后，盐分则留在土壤表层；而当降雨或灌水后，表层土壤的盐分溶解后又随入渗的水流向深层移动,使表层土壤盐分逐渐降低。所以在某一时段内,土壤表层的盐分是增多还是减少,主要取决于蒸发积累和入渗淋洗的盐分数量。

在一定的耕作条件下,表层土壤的水分蒸发强度一方面决定于气象条件,另一方面又与地下水埋深密切相关,埋深越浅,土壤含水量越大,蒸发越强烈,表土愈易积盐,愈容易形成土壤盐碱化。而当降雨或进行灌溉时,土壤的入渗量也与地下水条件有关。地下水位愈高,土壤含水量愈大,入渗速度愈小,地下水位以上土壤孔隙中所能蓄存的水量(即雨水或灌水入渗总量)也愈小。因此,渗期间由地表所能带走的盐分愈少,表土愈不容易脱盐。

由于土壤脱盐和积盐均与地下水的埋藏深度有着密切关系,故在生产中常根据地下水埋深判断某一地区是否会发生土壤盐碱化。在一定的自然条件和农业技术措施条件下,为了保证土壤不产生盐碱化和作物不受盐害所要求保持的地下水最小埋藏深度,叫做地下水临界深度。其大小与土壤质地、地下水矿化度、气象条件、灌溉排水条件和农业技术措施(耕作、施肥等)有关。轻质土(沙壤、轻壤土)的毛管输水能力强,当其他条件相同时,在同一地下水埋深的情况下,较黏质土的蒸发量大,因而也越容易积盐。为了防止其盐碱化,地下水应保持在较大的深度,亦即地下水临界深度的数值应较大。在同一蒸发强度的情况下,地下水矿化度高的地区,积盐速度快,因而也应有较大的地下水临界深度。反之,精耕细作,松土施肥,可以减少土壤蒸发,防止返盐,适时灌水可以起到冲洗压盐的作用，在这些地区地下水临界深度可以适当减小。各地条件不同，地下水临界深度也不同，一般应根据实地调查和观测试验资料确定。应当指出：年内不同季节，气象（蒸发和降雨）、耕作、灌水等具体条件不同，防止土壤返盐要求的地下水埋深及其持续时间也应有所不同。因此，对地下水位的要求不是一个固定值，而应是一个随季节而变化的地下动态水位。

排水是防治和改良盐碱地的基本措施。一方面，排水可以控制和降低地下水位，防止土壤表层积盐；另一方面，对已造成盐碱化的地区，在冲洗改良阶段，增加灌水和降雨入渗量，还需排除冲洗水，加速土壤脱盐。因此，通过开挖排水沟道系统，排除由于降雨和灌溉而产生的地下水，控制地下水埋深在临界深度以下，促进土壤脱盐和地下水淡化，防止盐分向表层积聚而发生盐碱化，是盐害地区治理的一项基本措施。但是，水利措施必须与农业技术措施密切配合，才能从根本上防止和改良盐碱地。

163. 农业耕作条件对农田排水的要求有哪些？

影响耕作质量的主要自然因素是土壤的物理机械性，而土壤的水分状况则是影响土壤物理机械性的重要条件。水分过少的土壤，土粒之间的黏结性很强，耕作费力，土块不易破碎，耕作质量差；过湿的土壤则对耕作机械的黏着力增大，同样也会增大耕作阻力，而且过湿的土壤可塑性很大，耕作时会形成不易疏松的大土块。所以，土壤含水量过大或过小，均不利于耕作。因此，为适于农业耕作，需要使农田土壤含水率保持在一定范围，一般根系吸水层内土壤含水率在田间持水率的 60%～70%时较为适宜，具体应视土壤质地及机具类型而定。例如，根据黑龙江省查哈阳农场在盐渍化黑钙土上的试验资料，在采用重型拖拉机带动联合收割机时，允许的最大土壤含水率为干土重的 30%～32%，要求的地下水埋深为 0.9～1.0 米。根据国外资料，一般满足履带式拖拉机下田要求的最小地下水埋深为 0.4～0.5 米；满足轮式拖拉机机耕要求的地下水最小埋深为 0.5～0.6 米。

164. 田间排水沟的深度和间距怎样确定？

田间排水沟的深度和间距互相影响。合理确定田间排水沟的深度和间距，是田间排水系统规划设计的主要内容。由于田间排水系统担负的任务不同，排水沟道沟深和间距确定也不相同，因而排水沟道的沟深和间距必须根据排水系统担负的任务加以确定。

165. 什么是大田蓄水能力？

降雨时，田块内部的沟畦和格田等能拦蓄一部分降雨径流。另外，旱作田块的土壤，通过降雨入渗，也有拦蓄雨水的能力。为了防止作物受渍，地下水位的升高应有一定的限度，因此，田块内部拦蓄雨水的能力也应有一走的限度。通常把这种有限度的拦蓄雨水能力称为大田蓄水能力。大田蓄水能力一般是由存蓄在地下水面以上土层中的水量和使地下水位升高到允许高度所需要的水量两部分组成。一般情况下，当降雨量超过大田蓄水能力时，就应修建排水系统，将过多的雨水及时排出田块，以免作物遭受涝渍灾害。

166. 田面降雨径流过程与田面水层的关系是什么?

排水沟深度和间距不同,对田面水层的调节作用亦不相同,进而直接影响作物淹水时间和淹水深度。为了了解排水沟对田面水层的调节作用,需要对降雨时田面径流的形成过程加以分析。

对于旱作区,在降雨过程中,如果降雨强度超过了土壤的入渗速度,田面将产生水层,并且该水层将沿着田面坡度方向向下游流动。田块首端汇流面积小,所以水层厚度小,越往下游,随着集水面积的增大,水层厚度越大。因此,距田块首端越远的地方,水层厚度也越大。在地面坡度和地面覆盖等条件相同的情况下,田块越长,田块末端的淹水深度越大,田块内的积水量越多,排除田块积水所需要的时间越长,因而田块的淹水历时也越长,这对作物的生长是不利的。这时若在田间开挖排水沟,便可减少集流长度、集水面积和积水量,从而也减少了淹水深度和淹水时间,使田面积水能在作物允许的耐淹深度和耐淹时间内及时排除。由此可见,排水沟间距的大小,直接影响着田面淹水深度的大小和淹水时间的长短。因此,增开中间的排水沟,不仅减小了田块末端的水层深度,同时也缩短了淹水时间。排水沟的间距大小对田面淹水时间的影响是很大的。减小排水沟间距,可以缩短淹水时间,从而减少地面水入渗量,有利于防止农田涝、渍灾害的产生。

167. 田间排水沟的间距怎样确定?

田间排水沟的间距,一般是指末级固定排水沟的间距。

田间排水沟间距越小，排水效果越好。但沟道过密，田块分割过小，机耕不便，占地增多；沟距过大，淹水时间过长，对作物生长不利。因此，田间排水沟的间距必须适宜。田间排水沟的间距主要取决于作物的允许淹水时间，同时还受机耕和灌溉等条件的制约。

作物的允许淹水历时和田间排水沟的排水历时应同时满足除涝和防渍两方面的要求。为了除涝，排水沟应在作物的允许耐淹历时内，将田面多余水量排走。为了防渍，可以根据大田蓄水能力和土壤的渗吸水量，计算出作物不致受渍的相应允许淹水时间，排水历时小于或等于这一历时时，作物将不致受渍。所以，排水沟的排水历时应取除涝和防渍两个允许淹水历时中的较小者。不过，由于影响田间排水沟间距的因素很多，又非常复杂，目前还没有完善的理论计算公式。生产实践中，一般根据定点试验资料，结合经验数据分析确定。以排除地面水防止作物受涝为主的平原旱作区，排水沟间距采用 200～300 米，一般可达到良好的排水效果。

168. 排水沟对地下水位的调控作用有哪些？

地下水位高是产生渍害的主要原因，也是产生土壤盐碱化的重要原因。为了防治渍害和盐害，在地下水位较高的地区，必须修建控制地下水位的田间排水沟，使地下水位经常控制在适宜深度以下。

降雨时渗入地下的水量，一部分蓄存在原地下水位以上的土层中，另一部分将透过土层补给地下水，使地下水位上升。在没有用间排水沟时，雨停后地下水位的回降主要依靠地下水的蒸发，而回降速度取决于蒸发的强度。由于地下水蒸发强度随着地下水位的下降而减弱，因此，地下水位的回降速度也随着地下水位的下降而减慢。当地下水位降到一定深度后，水位回降速度十分缓慢。在有田间排水沟时，降雨入渗水量的一部分将由排水沟排走，减少了对地下水的补给，从而使地下水位的上升高度减小，而雨停后地下水位的回降深度和速度增大。排水沟对地下水位的调控作用还与距排水沟的距离有关。离排水沟越近，调控作用越强，地下水位降得越低；离排水沟越远，调控作用越弱，地下水位降得越少。因而两沟中间一点地下水位最高。田间排水沟在降雨时可以减少地下水位的上升高度，雨停后又可以加速地下水的排除和地下水位的回降，对调控地下水位起着重要作用。

169. 田间排水沟的深度和间距怎样确定？

田间排水沟的深度和间距之间有着密切的关系，在一定的条件下，为达到排水要求，可以通过不同的沟深和沟距的组合来实现。在沟深一定时，沟距越小，地下水位下降速度越快，在一定时间内地下水位的下降值也越大；反之，则地下水位下降速度越慢，在规定时间内地下水下降值也越小。而沟距一定时，沟深越大，地下水位下降速度越快，下降值越大；反之，则地下水位下降速度越慢，下降值也越小。在允许时间内要求达到的地下水埋深一定时，沟距越大，需要的沟深也越大；反之，沟距越小，要求的沟深也越小。沟深和沟距互相影响，不能孤立地进行确定，而应根据排水地区的土质、水文地质和排水要求等具体条件，对沟深和沟距同时结合考虑，按照排水效果、工程量、工程占地、施工条件、管理养护和机耕效率等方面进行综合分析确定。

另外,田间排水沟的间距,除与沟深密切相关、互相影响外,还受到土质、地下水补给与蒸发、地下水含水层厚度、排水时水在土层中的流态等因素的影响。一般规律是:当排水沟深度一定时,若土壤渗透系数和含水层厚度较大,而土壤给水度较小时,间距可大些;反之,当土质黏重,透水性差,含水层厚度较小,土壤给水度较大时,间距应小些。

由于影响田间排水沟间距的因素错综复杂,目前我国大多数地区主要是根据试验资料和实践经验,因地制宜地加以确定。在缺乏实测及调查资料时,田间排水沟(或暗管)的间距也可用公式计算方法进行估算。

(1)结合除涝的田间排水沟。结合除涝的田间排水沟,一般采用明沟形式。因此,沟距的大小,既要满足除涝排渍的要求,又要考虑沟道占地和机械耕作的要求,综合分析确定。一般农沟沟深 15 ~ 20 米,间距可采用 100 ~ 200 米;沟深 2 ~ 3 米,间距可采用 200 ~ 400 米。

(2)控制地下水位的田间排水沟。根据一些地区的试验资料和经验数据分析,在不同土质、不同沟深时,满足旱作物控制地下水位的排水沟间距和水稻区控制地下水位的沟深和沟距是有区别的。

(3)盐碱化地区田间排水沟。盐碱化地区田间排水沟的深度和间距不仅要能有效地控制和降低地下水位,而且还要满足冲洗排水的要求,使冲洗后升高的地下水位能在要求的时间内下降至安全深度以下，以达到改良利用盐碱地的目的。在预防盐碱化地区，地下水位的允许回降时间可长一些，这时，只要沟深按临界深度的要求设计，沟距也可适当大些。

(4)田间排水暗管

田间排水暗管与暗管埋深密切相关，埋深大时其间距亦可大些。暗管的埋深应根据当地的自然条件和作物对地下水埋深的要求确定。在防治渍害地区一般为 0.8～1.5 米，在改良盐碱地地区为 1.5～2.5 米。

排水暗管的间距，可采用田间试验法、经验数据法和理论计算法确定。

170. 什么是骨干排水系统？

骨干排水系统也称排水沟道系统，它与田间排水系统、排水容泄区、排水闸站、用于滞蓄的湖泊、河网以及截流沟等共同组成完整的排水系统。骨干排水系统一般由于、支、斗、农四级固定沟道及其上的各种建筑物组成，其主要作用是汇集田间排水系统排出的水量，并逐级输送至排水容泄区，以达到排除地面多余水量和有效降低地面雨水位的目的。

171. 怎样规划布置骨干排水系统？

由于各地自然条件不同，排水要求不同，排水沟道的任务和作用也不完全相同。一般来说，排水沟道的主要任务是排除地面余水和降低地下水位，同时兼顾滞蓄涝水、水产养殖、引水灌溉和交通运输等方面的要求。而大多数情况下，排水沟道往往要同时完成上述中的几项任务。因此，在进行排水沟道规划设计时，一般是以满足排水和降低地下水位为主要任务,同时尽量满足其他方面的要求,做到综合利用。

进行排水系统的规划布置,首先要收集排水地区的地形、土壤、水文气象、水文地质、作物、灾情、现有排水设施以及社会经济等各种基本资料。在充分研究分析各项资料的基础上,全面掌握排水地区的特点,从而确定排水地区排水沟道系统应承担的任务,确定排水设计标准,拟定规划布置的主要原则,在地区农业发展规划和水利规划的基础上,进行排水系统的规划布置。

172.规划布置骨干排水系统应遵循哪些原则?

排水沟道系统分布广、数量多、影响大。因此,在规划布置时,应在满足排水要求的基础上,力求做到经济合理、施工简单、管理方便、安全可靠、综合利用。规划布置时应遵循以下主要原则:

(1)各级排水沟道应尽量布置在各自控制范围内的较低处,以便能获得较好的控制条件,实现顺畅的自流排水。

(2)干沟出口应选择在容泄区水位较低、河床较为稳定的地方。

(3)尽量做到分片控制。根据当地的具体条件,将排水区域进行分区,做到高水高排、低水低排,力争自排,减少抽排,不得不抽排时,也应尽可能减少排水泵站的装机容量,一定要防止高水低流,尽可能减少抽排面积。

(4)要充分利用排水区内的湖泊、洼地、河网等滞蓄部分涝水,减少排水流量。

(5)骨干排水系统应尽量利用天然河沟和现有排水设施,

降低工程造价。对不符合排水要求的河段,应进行必要的改造,如裁弯取直、拓宽浚深、加固堤防等,以提高其排水能力。

(6)为更好地发挥灌排系统的作用,一般应将灌溉与排水分开布置,各成系统,以免相互干扰,造成排水和灌水困难。

(7)排水沟道系统应与土地利用规划、灌溉规划、道路及林带规划等结合进行,统一布置,相互协调,减少占地,避免交叉,便于管理,节约投资。

(8)骨干排水系统应充分考虑引水灌溉、航运和水产养殖等综合利用的要求。

173. 排水系统有哪几种类型?

排水系统按照地形、气象等自然条件的不同,所担负的任务也不相同,主要有以下两种基本类型。

(1)一般排水系统

在地面坡度较大的坡地平原地区,如果灌溉水源丰富,水位控制条件较好,能够满足灌溉用水的需要,而且排水出路通畅,则排水系统的主要任务只是排除当地暴雨径流和控制地下水位,此时可采用灌排分开的两套系统。这类系统中,由于排水沟道没有航运、养殖等综合利用的要求,故可采用较大的比降和较小的断面,以减少工程量和降低工程造价。

(2)综合利用的排水系统

在地势平坦的缓坡地区和低洼平原地区,常因灌溉水源不足而不能满足灌溉用水要求,而汛期雨量又较充沛,这就要求排水系统不仅能排涝,而且还能蓄水、引水以补充灌溉水源之不足;同时,还要利用排水沟滞蓄部分水量,以减少排涝流量和抽水站装机容量；平时还要维挣一定的水深，用以通航和养殖，以改善交通条件和发展渔业生产。这类地区常以天然河道作为排水骨干工程。构成排水系统的骨架。它们又和大江大河或湖泊相通。既可作为排水系统的容泄区，又可作为灌溉的主要水源，还可作为交通运输的大动脉。在此基础上，再按排水地区的地形条件，分片布置干、支沟，片内成网状排水系统，各自设闸控制，独立排入容泄区，构成河网化排水系统。排水沟道要有足够的滞蓄容积，具有满足控制地下水位和通航、养殖要求的沟深，沟道宜采用较小的比降，甚至平底沟道，以最大限度满足综合利用的要求。

174. 怎样布置排水沟道？

排水沟道的布置受地形、水文、土质、容泄区以及行政区划和工程现状等许多因素的影响，一般是先根据地形和容泄区等条件布置好干沟，然后再逐级进行其他各级沟道的布置。

地形是布置排水沟道的主要依据。因此，常按地形条件将灌排区域分为山丘区、平原区和圩垸区三种基本类型。各类地区在规划布局水沟道时，各有不同的特点。

山丘区地形起伏大，地面坡度陡，耕地零星分散，冲沟发育明显，排水条件好，有排水出路。这类地区，一般是把天然河溪或冲沟作为排水干、支沟。需要时，只须对天然河沟进行适当的整治，便可顺畅排水。但多雨季节，山洪暴发常对灌区造成威胁。为此，须沿地形较高的一侧布置山坡截流沟，用以拦截和排泄山洪，确保灌排区安全。

(1)根据排水系统平面布置图，按沟道沿线各桩号的地面高程,绘出地面高程线。

(2)根据控制地下水位的要求及选定的沟底比降,逐段绘出沟底高程线。

(3)由日常水位线向下,以日常水深为间距作平行线,绘出沟底高程线。

(4)由沟底高程线向上,以最大水深为间距作平行线,绘出最高水位线。

(5)若沟段有壅水现象需要筑堤束水,还应从排涝设计水位线(或壅水线)往上加一定的超高,定出堤顶线。排水沟纵断面的桩号通常从沟道出口处起算,且一般将水位线和沟底线由右向左倾斜,以与灌溉渠道的纵断面相区别。

175. 对容泄区的整治有哪些要求?

排水系统的容泄区是指位于排水区域以外,承纳排水系统排出水量的河流、湖泊或海洋等。容泄区一般应满足下列要求:

(1)在排水地区排除日常流量时,容泄区的水位应不使排水系统产生壅水,以保证正常排渍。

(2)在汛期,容泄区应具有足够的输水能力或容蓄能力,能及时排泄或容纳由排水区排出的全部水量。此时,不能因容泄区水位高而淹没农田,或者虽然局部产生浸没或淹没,但淹水深度和淹水历时不得超过耐淹标准。

(3)具有稳定的河槽和安全的堤防。容泄区的规划一般涉及排水系统排水口位置的选择和容泄区的整治。

176. 如何选择排水口位置？

排水口的位置主要根据排水区内部地形和容泄区水文条件决定，即排水口应选在排水区的最低处或其附近，以便涝水易于集中；同时还要使排水口靠近容泄区水位低的位置，争取自排。由于平时和汛期排水区的内、外水位差呈现出各种情况，所以排水口的位置可以选择多处，排水口也可以有多个，应进行综合分析，择优选定。另外，在确定排水口的位置时，还应考虑排水口是否会发生泥沙淤积，阻碍排水；排水口基础是否适于筑闸建站；抽排时排水口附近能否设置调蓄池等。

由于容泄区水位和排水区之间往往存在矛盾，一般可采取以下措施处理：

(1)当外河洪水历时较短或排涝设计流量与洪水并不相遇时，可在出口建闸，防止洪水侵入排水区，洪水过后再开闸排水。

(2)洪水顶托时间较长，影响的排水面积较大时，除在出口建闸控制洪水倒灌外，还须建泵站排水，待洪水过后再开闸排水。

(3)当洪水顶托、干沟回水影响不远时，可在出口修建回水堤，使上游大部分排水区仍可自流排水，沟口附近低地则建站抽排。

(4)如地形条件许可，将干沟排水口沿容泄区向下游移动，争取自排。

当采取上述措施仍不能满足排水区排水要求，或者虽然能满足排水要求但在经济上不合理时，就需要对容泄区进行整治。

177. 容泄区整治要注意哪些问题?

降低容泄区的水位,以改善排水区的排水条件,是整治容泄区的主要目的,而整治容泄区的主要措施一般有以下几点:

(1)疏浚河道。通过疏浚,可以扩大泄洪断面,降低水位。但疏浚时,必须在河道内保留一定宽度的滩池,以保护河堤的安全。

(2)退堤拓宽。当疏浚不能降低足够的水位以满足排水系统的排水要求时,可采取退堤措施,扩大河道过水断面。退建堤段应尽量减少挖压农田和拆迁房屋,退堤一般以一侧退建为宜,另一侧利用旧堤,以节省工程量。

(3)裁弯取直,整治河道。当以江河水道为容泄区时,如果河道过于弯曲,泄水不畅,可以采取裁弯取直措施,以短直河段取代原来的弯曲河段。由于河道流程缩短,相应底坡变陡,流速加大,这样就能使本河段及上游河段一定范围内的水位降低。裁弯取直段所组成的新河槽,在整体上应形成一平顺曲线。裁弯取直通常只应用于流速较小的中、小河流。对于水流分散、断面形状不规则的河段,应修建各种河道整治工程,如修建必要的丁坝、顺堤等,以改善河道断面,稳定河床,降低水位,增加泄量,给排水创造有利条件。

(4)治理湖泊、改善蓄泄条件。如调蓄能力不足,可整治湖泊的出流河道,改善泄流条件,降低湖泊水位。在湖泊过度围垦的地区,则应考虑退田还湖,恢复湖泊蓄水容积。

(5)修建减流、分流河道。减流是在容泄区的河段上游,开挖一条新河,将上游来水直接分泄到江、湖和海洋中,以降低排水容泄区的河段水位。这种新开挖的河段常称减河。分流也是用来降低作为容泄区的河段水位。实施的方法是:在河段的上游,新开一条新河渠,分泄上游一部分来水,但分泄的来水,绕过作为容泄区的河段后仍汇入原河。有些地区,为了提高容泄区排涝能力,还采取另辟泄洪河道,使洪涝分排。

(6)清除河道阻碍。临时拦河坝、捕鱼栅、孔径过小的桥涵等,往往造成壅水,应予清除或加以扩建,以满足排水要求。

以上列举了一些容泄区的整治措施,但各种措施都有其适用条件,必须上下游统一规划治理,不能只顾局部,造成其他河段的不良水文状况;同时应进行多方案比较,综合论证,择优选用。

农田水源与取水管理

178. 灌溉水源的主要类型有哪些?

灌溉水源系指可以用于灌溉的水资源,主要有地表水和地下水两类。按其产生和存在的形式及特点,可分为以下几种:

(1)河川径流。指江河、湖泊中的水体。它的集雨面积主要在灌区以外,水量大,含盐量少,含沙量较多,是大中型灌区的主要水源,也可满足发电、航运和供水等部门的用水要求。

(2)当地地面径流。指由于当地降雨所产生的径流,如小河、沟溪和塘堰中的水。它的集雨面积主要在灌区附近,受当地条件的影响很大,是小型灌区的主要水源。

(3)地下水。一般指埋藏在地面下的潜水和层间水。它是小型灌溉工程的主要水源之一。特别是西北、华北及黄淮平原地区，地表水缺乏，地下水丰富，合理开发利用地下水尤为重要。

另外，城市污水也可作为灌溉水源。城市污水用于农田灌溉，是水资源的重复利用，但必须经过处理，符合灌溉水质标准后才能使用。

生产实践证明，只有充分开发利用各种水资源，将地面水、地下水和城市污水统筹规划，合理开发，科学利用，厉行节约，全面保护，才能为实现农业生产的可持续发展提供可靠的物质基础。

179. 灌溉对水源的水质要求有哪些？

灌溉水质是指灌溉水的化学、物理性状，水中含有物的成分及数量。主要包括含沙量、含盐量、有害物质含量及水温等。

(1) 灌溉水中的泥沙

我国河流的含沙量较高，特别是西北黄土高原和华北平原的河流含沙量更高。从多泥沙河流上引水，必须分析泥沙的含量和组成，以便采取有效措施，防止有害泥沙入渠。粒径大于 0.1～0.15 毫米的泥沙，容易淤积渠道，恶化土壤，危害作物，应禁止引入渠道和送入田间。粒径 0.005～0.1 毫米的泥沙，可少量输入农田，以减少土壤的黏结性，改善土壤的物理性状。粒径小于 0.001～0.005 毫米的泥沙，具有一定的肥分，应适量输入田间，但如引入过多，会降低土壤的透水性和通气性，恶化土壤的物理性质。一般情况下，灌溉水中允许的含沙粒径为 0.005～0.01 毫米，允许的含沙量应小于渠道的输沙能力。

(2)灌溉水的含盐量

灌溉水中一般都含有一定的盐分,地下水的含盐量较高。如果灌溉水含盐过多,就会提高土壤溶液的浓度和渗透压力,增加作物根系吸收水分的阻力,使作物吸收水分困难,轻则影响作物正常生长,重则造成作物死亡,甚至引起土壤次生盐碱化。一般标准是:含盐量小于0.15%,对作物生长基本无害。

(3)灌溉水的温度

灌溉水的水温对农作物的生长影响较大,水温偏低,对作物的生长起抑制作用;水温过高,会降低水中溶解氧的含量并提高水中有毒物质的毒性,妨碍或破坏作物的正常生长。因此,灌溉水要有适宜的水温,一般在作物生育期内,灌溉时的水温与农田地温之差宜小于10℃。水稻田灌溉水温宜为15～35℃。

(4)灌溉水中的有害物质及病菌

灌溉水中常含有某些重金属(汞、镉、铬)和非金属以及氰、氟的化合物等,其含量若超过一定数量,就会产生毒害作用,使作物直接中毒,或残留在作物体内,人畜食用后将产生慢性中毒。因此,对灌溉用水中的有害物质含量,应该严格限制。此外,污水中如含有大量病原菌及寄生虫卵等,未经消除和消毒以前,不得直接灌入农田,更不允许用于生食蔬菜的灌溉。对于含有霍乱、伤寒、痢疾、炭疽等流行性传染病菌的污水,更要严格禁止直接灌溉农田。

180. 灌溉对水源水位和水量有哪些要求?

灌溉要求水源有足够高的水位,以便能够自流引水或使壅水高度和提水扬程最小。在水量方面，水源的来水过程应满足灌溉用水过程，以便尽量减少蓄水量。当水源的天然状况不能满足灌溉用水要求时，应采取工程措施，调节水源的水位和水量，使之满足灌溉用水的需要。

181. 灌溉水源污染的危害性有哪些？

灌溉水源的污染，是指由于人类的生产或生活活动向水体排入的污染物的数量，超过了水体的自净能力，从而改变了水体的物理、化学或生物学的性质和组成，使水质恶化，以至于不适用于灌溉农田。工业废水是灌溉水体中污染物的最主要来源；城市生活污水也是重要的污染源之一；大量施用的农药和化肥(主要是氮肥)，通过下渗或地表径流，也可以污染地下水或地表水源。此外，工业废渣中的有害物质，还会通过雨水冲刷，渗入浅层地下水或流入河流。工业废气中的各种污染物质也会随降雨(酸雨)进入地面水体。

灌溉水源的污染不但严重危害人类的健康，也给农业生产带来了严重的威胁，水源污染已成为不亚于洪灾、旱灾甚至更为严重的一大灾害。因此，消除污染，保护好水资源，已成为发展农业的一项不可忽视的工作。

182. 如何防治灌溉水源污染？

为防治灌溉水污染及减轻因灌溉水污染对农业的危害，可采取下列措施：

(1) 控制污染源，减少污水的排放量

工厂要改革生产工艺，尽量节约用水，使废水的排放量减至最少，降低废水中污染物的含量；农业上要减少农药及化肥的有害成分,禁止使用某些有明显副作用的农药及化肥。

(2)加强监测管理,执行灌溉水质标准

对重复利用的灌溉水源要进行水质监测,同时要加强灌溉管理,这是保护农业环境不受污染、作物不受危害的重要环节。在监测和管理过程中,应严格执行《农田灌溉水质标准》(GB 5084—92)。

(3)合理进行污水灌溉

随着工业的发展和城市的扩大,工业废水和城市生活污水的排放量日益增多。由于这些污水中含有一定的作物营养成分,因此在农业上常常用做灌溉水源和肥源。在我国北方干旱和缺水地区,大部分污水被用来灌溉农田,这对增加农业产量和减轻江河污染起到了一定的作用。但用于灌溉的污水一般为工业废水和生活污水的混合体,这些污水如果未经处理或处理后仍不符合标准,其中含有的各种有害物质必然要进入农田,造成作物受害、农产品被污染,以致污染土壤和地下水。因此,应慎重使用污水灌溉。

183. 扩大灌溉水源的措施有哪些?

目前,我国农田灌溉总用水量占全国各国民经济部门总用水量的69%左右,而我国水资源总量折算成每亩耕地占有水量却又很低。因此,在水环境承载力允许的条件下,应尽量利用各种可以利用的水源,减少废弃,这对灌溉水源的利用来说,是十分重要的。

184. 为什么要强化节水杜绝浪费?

对我国来说,无论当前或今后,水资源利用的重点应该是

减少浪费、增加回用。华北平原农业灌溉输水损失达到 50%
以上，大部分灌溉水量没有到达田间就蒸发渗漏掉了。黄河
中上游的水浇地的净灌溉定额 300 米³/亩，而同类地区毛灌
溉定额达到 600 米³/亩或更大，如果农田灌溉的渠系水利用
系数提高 5～10 个百分点，即可节约大量的灌溉用水。

185. 废水利用对环境保护有何益处？

地表水和地下水的水质恶化，导致水资源可利用量的减
少，在我国这是常见不鲜的。所以，保护水资源是扩大灌溉水
源的又一重要措施。专家们估计，用于稀释废污水的水量相
当于全部用水量的 60%～70%。我国的大江大河，虽水量丰
富，具有一定的自然稀释和净化能力，但近年来的过量排污，
已造成江河普遍污染，且呈发展趋势。因此，对于使用过的水，
必须坚持处理后排放或处理后回用的原则，以保证天然水域
中有可资利用的稳定水流。水资源的保护既包括水质也包括
水源的调蓄能力，它对增加水的稳定流量起着十分重要的作
用，流域范围内的林草覆盖和水土保持对此有着颇为显著的
成效。专家们分析得知，每公顷的有林地比无林地可多滞蓄
300 立方米的水。严禁破坏林草、防止水土流失是保护稳定水
源的又一重要方面。

186. 怎样兴建和利用好蓄水设施？

兴建和利用好蓄水设施，协调供水时序，可提高水源的利
用程度。由于河川径流的年际分布和年内分布与灌溉用水要
求之间有着较大的差距，需要用工程设施对水源加以调蓄，以
丰补缺，既满足灌溉要求，又提高水源的利用程度。新中国成

立 50 多年来,全国共兴建不同规模的水库 8.5 万余座,总库容约 4900 亿立方米,是主要的供水设施。但是,目前全国河川径流利用率仅为 17.5%,还需进一步兴建新的蓄水工程,以满足农业和整个国民经济

发展的需要,同时要使用好现有的蓄水工程,为农业增产发挥更大作用。

187. 怎样处理好供水地区间的协调?

我国水量在地区间分布不均,东南浙闽沿海年均径流深达 1200 毫米以上,而西北蒙新沙漠边缘年均径流深不足 5 毫米。南方西南诸河人均水量 38000 立方米,北方海滦流域人均水量只有 400 多立方米,相差悬殊,跨流域调水是解决这一问题的有效措施。从丰水地区调水到缺水地区,常需兴建比较复杂和比较艰巨的工程,输水距离长、输送水量大、跨越障碍多、施工难度大,而且工程造价高。此外,还须认真分析和研究调水前后地区生态环境可能产生的变化,以防出现环境恶化的后果。

188. 为什么要实施地下水和地面水联合运用?

实施地面水和地下水的联合运用,对于充分利用水资源,是十分有效的。在两种水资源联合运用的情况下,地面水库和地下水库的配合使用,收效更好。多余的地面水除存蓄在地面水库外,尚可储存在地下水库,特别是在汛期地面水库废弃的洪水储存在地下水库,到灌溉季节,两水并用,则可大大提高水资源的利用程度。此外,实行地面水与地下水联合运用,还能有效控制地下水位及土壤次生盐碱化,实现最佳的经

济效益及环境效益。

189. 什么叫做无坝引水?

灌区附近河流水位、流量均能满足自流灌溉要求时,即可选择适宜的位置作为取水口,修建进水闸引水自流灌溉,形成无坝引水。在丘陵山区,灌区位置较高,可自河流上游水位较高的地点引水,借修筑较长的引水渠,取得自流灌溉的水头。无坝取水具有工程简单、投资较少、施工容易、工期较短等优点,但不能控制河流的水量,枯水期引水保证率低,且取水口往往距灌区较远,需要修建较多明架系建筑物,还可能引入大量泥沙,淤积取水口和渠道,影响正常引水。

无坝引水口位置选择应符合在河、湖枯水期水位能满足引取设计流量的要求;应避免靠近有支流汇入处;尽量将取水口布置在河岸坚实、河槽较稳定、断面较匀称的顺直河段,或主流靠岸、河道冲淤变化幅度较小的弯道凹岸顶点偏下游处,以便利用弯道横向环流的作用,使主流靠近取水口,引取表层较清的水,防止泥沙淤积渠口和进入渠道。

当地形受到限制而引水口必须在凸岸时,则应将渠道设在凸岸中点偏上游处,因该处环流较弱,泥沙较少。为了保证主流稳定,减少泥沙入渠,无坝引水渠首的引水比宜小于50%,多泥沙河流上无坝引水的引水比宜小于30%。

无坝引水渠首一般由进水闸、冲沙闸和导流堤三部分组成。进水闸控制入渠流量,冲沙闸冲走淤积在进水闸前的泥沙,而导流堤一般修建在中小河流中,平时发挥露流引水和防沙作用,枯水期可以截断河流,保证引水。

　　渠首工程各部分的位置应相互协调,以有利于防沙取水为原则。历史悠久、闻名中外的四川都江堰工程,它的进水口正好位于岷江凹岸顶点的下游,整个枢纽包括用于分水的鱼嘴,用于导流的金刚堤,用于排沙、溢洪的飞沙堰等。它已经运行了2200多年,是无坝引水的典范。

190. 什么叫做有坝(低坝)引水?

　　当河流水源虽较丰富,但水位较低时,可在河道上修建壅水建筑物(坝或闸),抬高水位,自流引水灌溉,形成有坝引水的方式。在灌区位置已定的情况下,此种形式与有引渠的无坝引水相比较,虽然增加了拦河坝(闸)工程,但引水口一般距灌区较近,可缩短干渠线路长度,减少工程量;在某些山区丘陵地区,丰水季节虽然流量较大,水位也够,但丰、枯季节变化较大,为了便于枯水期引水也需修建临时性低坝。

　　有坝引水枢纽主要由拦河坝(闸)、进水闸、冲沙闸及防洪堤等建筑物组成。

　　(1)拦河坝

　　拦截河流,抬高水位,以满足灌溉引水的要求,汛期则经溢流坝顶溢流,宣泄河道洪水。因此,坝顶应有足够的溢洪宽度,在宽度增长受到限制或上游不允许壅水过高时,可降低坝顶高程,改为带闸门的溢流坝或拦河闸,以增加泄洪能力。

　　(2)进水闸

　　进水闸控制引水流量。它有两种布置形式:

　　①侧面引水。进水闸过闸水流方向与河流方向正交。这种取水方式,由于在进水闸前不能形成有力的横向环流,因而

防止泥沙人渠的效果较差,一般只用于含沙量较小的河道。

②正面引水。进水闸过闸水流方向与河流方向一致或斜交。这种取水方式,能在引水口前激起横向环流,促使水流分层,表层清水流入进水闸,而底层含沙水流则涌向冲沙闸排掉。

(3)冲沙闸

冲沙闸是多沙河流低坝引水枢纽中不可缺少的组成部分,它的过水能力一般大于进水闸,冲沙闸底板高程应低于进水闸底板高程,以保证较好的冲沙效果。

(4)防洪堤

为减少拦河坝上游的淹没损失,在洪水期保护上游城镇、交通的安全,可在拦河坝上游沿河修筑防洪堤。

此外,若有通航、过鱼、过木和发电等综合利用要求时,尚需设置船闸、鱼道、筏道及电站等建筑物。

191. 什么叫做抽水取水?

河流水量比较丰富,但灌区位置较高,修建其他自流引水工程困难或不经济时, 可就近采取抽水取水方式。虽然它无需修建大型挡水或引水建筑物,干渠工程量小,但增加了机电设备及年管理和运行费用。在多泥沙河流中取水, 除易产生淤积外,泥沙还会对泵体造成损坏等,设计时应采取必要的防治措施。

192. 水库取水有哪几种方式?

河流的流量、水位均不能满足灌溉要求时,必须在河流的适当地点修建水库进行径流调节, 以解决来水和用水之间的矛盾,并综合利用河流水源。这是河流水源较常见的一种取水方式。采取水库取水能充分利用河流水资源，但必须修建大坝、泄水(溢洪道)和放水(放水洞)等建筑物，工程较大，且有相应的库区淹没损失，因此必须认真选择好建库地址。

上述几种取水方式，除单独使用外，有时综合使用多种取水方式，引取多种水源，形成蓄、引、提结合的灌溉系统。蓄引提结合灌溉系统主要由渠首工程、输配水渠道系统、灌区内部的中小型水库和塘堰以及提水设施等几部分组成。由于渠首似根，渠道似藤，塘库似瓜，故又称此为"长藤结瓜"式灌溉系统，它是一种以小型工程为基础，大中型工程为骨干，大中小结合、蓄引提结合的综合灌溉系统。

193. 灌溉渠系统规划布置原则是什么？

(1)沿高地布置，力求自流控制较大的灌溉面积。对面积很小的局部高地，宜采用提水灌溉的方式。

(2)灌排结合，统一规划。在多数地区，必须有灌有排，以便有效地调节农田水分状况。

(3)要安全可靠，尽量避免深挖方、高填方和难工险段，以求渠床稳固、施工方便、输水安全。

(4)力求经济合理，尽量做到渠线短、交叉建筑物少、土石方量少、拆迁民房少。

(5)便于管理，灌溉渠道的位置应参照行政区划确定，尽可能使各用水单位都有独立的用水渠道。

(6)要考虑综合利用，尽可能满足其他用水部门的要求。

(7)积极开源节流，充分利用水土资源。有条件的灌区应建立"长藤结瓜"灌溉系统，以发挥塘库的调蓄作用，扩大灌溉水源。

194.山丘区灌区干、支渠的规划布置形式有哪些？

山区、丘陵区地形比较复杂,岗冲交错,起伏剧烈,坡度较陡,河床切割较深,比降较大,耕地分散,位置较高。一般需要从河流上游引水灌溉,输水距离较长。所以,这类灌区干、支渠道的布置特点是:渠道较高,比降平缓,渠线较长而且弯曲较多,深挖、高填渠段较多,沿渠交叉建筑物较多。渠道常和沿途的塘坝、水库相联,形成"长藤结瓜"式水利系统,以求增强水资源的调蓄利用能力和提高灌溉工程的利用率。

山区、丘陵区的干渠一般沿灌区上部边缘布置,大体上和等高线平行,支渠沿两溪间的分水岭布置。在丘陵地区,如灌区内有主要岗岭横贯中部,干渠可布置在岗脊上,大体和等高线垂直,干渠比降视地面坡度而定,支渠自干渠两侧分出,控制岗岭两侧的坡地。

195.平原区灌区干、支渠的规划布置形式有哪些？

平原区灌区大多位于河流的中、下游,由河流冲积而成,地形平坦开阔,耕地大片集中。由于灌区的自然地理条件和洪、涝、旱、渍、碱等灾害程度不同,灌排渠系的布置形式也相应不同。

(1)山前平原灌区

山前平原灌区一般靠近山麓,地势较高,排水条件较好,渍涝威胁较轻,但干旱问题比较突出。当灌区的地下水丰富时,可同时发展井灌和渠灌,否则,以发展渠灌为主。干渠多沿山麓方向大致和等高线平行布置,支渠与其垂直或斜交,视地形情况而定。这类灌区和山麓相接处有坡面径流汇入,与河流相接处地下水位较高,因此还应建立排水系统。

(2)冲积平原灌区

冲积平原灌区一般位于河流中、下游,地面坡度较小,地下水位较高,涝碱威胁较大。因此,应同时建立灌、排系统,并将灌、排分开,各成体系。干渠多沿河流岸旁高地与河流平行布置,大致和等高线垂直或斜交,支渠与其呈直角或锐角布置。

196. 圩垸区灌区干、支渠的规划布置形式有哪些?

圩垸区灌区分布在沿江、滨湖低洼地区的圩垸区,地势平坦低洼,河湖港汊密布,洪水位高于地面,必须依靠|筑堤圈圩才能保证正常的生产和生活,一般没有常年自流条件,普遍采用机电排灌站进行提排、提灌。面积较大的圩垸,往往一圩多站,分区灌溉或排涝。

圩内地形一般是周围高、中间低。灌溉干渠多沿圩堤布置,灌溉渠系通常只有干、支两级。

197. 斗渠、农渠的规划要求有哪些?

在规划布置时除遵循前面讲过的灌溉渠道规划原则外,还应满足:

(1)适应农业生产管理和机械耕作要求;

(2)便于配水和灌水,有利于提高灌水工作效率;

(3)有利于灌水和耕作的密切配合;

(4)土地平整工程量较少。

198. 怎样规划布置斗渠?

斗渠的长度和控制面积随地形变化很大。山区、丘陵地区的斗渠长度较短,控制面积较小。平原地区的斗渠较长,控制面积较大。我国北方平原地区的一些大型自流灌区的斗渠长度一般为 1000 ~ 3000 米,控制面积为 600 ~ 4000 亩。斗渠的间距主要根据机耕要求确定,和农渠的长度相适应。

199. 怎样规划布置农渠?

农渠是末级固定渠道,控制范围是一个耕作单元。在平原地区通常长为 500 ~ 1000 米,间距为 200 ~ 400 米,控制面积为 200 ~ 600 亩。丘陵地区农渠的长度和控制面积较小。在有控制地下水位要求的地区,农渠间距根据农沟间距确定。

200. 渠线规划步骤有哪些?

干、支渠道的渠线规划大致可分为查勘、纸上定线和定线测量三个步骤。

(1)查勘

先在小比例尺(一般为 1 / 50000)地形图上初步布置渠线位置,地形复杂的地段可布置几条比较线路,然后进行实地查勘,调查渠道沿线的地形、地质条件,估计建筑物的类型、数量和规模,对难工地段要进行初勘和复勘,经反复分析比较后,初步确定一个可行的渠线布置方案。

(2)纸上定线

对经过查勘初步确定的渠线,测量带状地形图,比例尺为 1/1000 ~ 1/5000,等高距为 0.5 ~ 1.0 米,测量范围从初定的渠道中心线向两侧扩展,宽度为 100 ～ 200 米。在带状地形图上准确地布置渠道中心线的位置, 包括弯道的曲率半径和弧形中心线的位置, 并根据沿线地形和输水流量选择适宜的渠道比降。在确定渠线位置时, 要充分考虑渠道水位的沿程变化和地面高程。在平原地区,渠道设计水位一般应高于地面,形成半挖半填渠道, 使渠道水位有足够的控制高程。在丘陵山区,当渠道沿线地面横向坡度较大时,可按渠道设计水位选择渠道中心线的地面高程。还应使渠线顺直,避免过多的弯曲。

(3)定线测量

通过测量,把带状地形图上的渠道中心线放在地面上去,沿线打上木桩;木桩的位置和间距视地形变化情况而定,木桩上写上桩号,并测量各木桩处的地面高程和横向地面高程线,再根据设计的渠道纵横断面确定各桩号处的挖深、填高和开挖线位置。在平原地区和小型灌区,可用比例尺等于或大于万分之一的地形图进行渠线规划,先在图上初定渠线,再进行实地调查,修改渠线,然后进行定线测量,一般不测带状地形图。斗、农渠的规划也可参照这个步骤进行。

201. 怎样规划布置渠系建筑物?

渠系建筑物是指为安全、合理地输配水量,以满足各部门的需要, 在渠道系统上修建的建筑物。渠系建筑物是灌排系统必不可少的重要组成部分,没有或缺少渠系建筑物,灌排工作就无法正常进行。所以,必须做好渠系建筑物的规划布置。

202. 渠系建筑物布置和选型的原则有哪些?

(1)渠系建筑物的位置,应根据工程规模、作用、运行特点和灌区总体布置的要求，布置在地形条件适宜和地质条件良好的地点。

(2)渠系建筑物的布置应满足灌排系统水位、流量、泥沙处理、运行、管理的要求，保证渠道安全运行，提高灌溉效率和灌水质量，最大限度地满足作物需水。

(3)尽量减少建筑物数量，宜采用联合建筑的形式，形成枢纽，节约投资，便于管理。

(4)适应交通、航运和群众生产、生活的需要，为提高劳动生产力和繁荣地方经济创造条件。

(5)灌排建筑物的结构形式应根据工程特点、作用和运行要求，结合建筑材料来源和施工条件等因地制宜选定。

(6)灌排建筑物设计可采用与当地实际情况相适应的定型设计，有条件时宜采用装配式结构。

203. 控制建筑物有哪几种？

控制建筑物的作用在于控制渠道的流量和水位，如进水闸，分水闸、节制闸等。

(1)进水闸和分水闸

进水闸是从灌溉水源引水的控制建筑物，分水闸是上级渠道向下级渠道配水的控制建筑物。进水闸布置在干渠的首端，分水闸布置在其他各级渠道的引水渠处，其结构形式有开敞式和涵洞式两种。斗、农渠上的分水闸常叫斗门、农口。

(2)节制闸

节制闸的主要作用有三，一是抬高渠中水位，便于下级渠道引水；二是截断渠道水流，保护下游建筑物和渠道的安全；

三是为了实行轮灌。节制闸应垂直于渠道中心线布置在下列地点：

①上级渠道水位低于下级渠道引水要求水位的地方。

②下级渠道引水流量大于上级渠道的 1／3 时，常在分水闸前造成水位显著降落，亦需修建节制闸。

③重要建筑物、大填方段和险工渠段的上游，常与泄水闸联合修建。

④轮灌组分界处。

204. 交叉建筑物有哪几种？

渠道穿越河流、沟谷、洼地、道路或排水沟时，需要修建交叉建筑物。常见的有渡槽、倒虹吸、涵洞、隧洞、桥梁等。

（1）渡槽

渡槽又称过水桥，是用明槽代替渠道穿越障碍的一种交叉建筑物，适用于：

①渠道与道路相交，当渠底高于路面，而且高差大于行驶车辆要求的安全净空。

②渠道与河沟相交，渠底高于河沟最高洪水位。

③渠道与洼地相交，为避免填方或洼地中有大片良田时。

（2）倒虹吸

倒虹吸是用敷设在地面或地下的压力管道输送渠道水流穿越障碍的一种交叉建筑物，适用于：

①渠道流量较小，水头富裕，含沙量小，穿越较大的河沟，或河流有通航要求时。

②渠道与道路相交，渠底虽高于路面，但高差不满足行车

净空要求时。

③渠道与河沟相交,渠底低于河沟洪水位,或河沟宽深,修建渡槽下部支撑结构复杂,且需要高空作业,施工不便,或河沟的地质条件较差,不宜修建渡槽时。

④渠道与洼地相交,洼地内有大片良田,不宜做填方时。

⑤田间渠道与道路相交时,多采用倒虹吸。

(3)涵洞

涵洞是横穿渠堤、路基,具有封闭断面的输水或泄水建筑物。适用于:

①渠道与道路相交,渠水面低于路面,渠道流量较小时用涵洞输水。

②渠道与河沟相交时,渠道的水面线低于河底的最大冲刷线,可在河沟底部修输水涵洞,以输送渠水通过河沟,而河沟中的洪水仍自原河沟泄走。

③渠道与洼谷相交,渠水面低于洼谷底,可用涵洞代替明渠。

④挖方渠道通过土质极不稳定的地段,也可修建涵洞代替明渠。

(4)隧洞

隧洞是穿越山丘或在地下开挖的具有封闭断面的输水或泄水建筑物。当渠道遇到山岗时,或因石质坚硬,或因开挖工程量过大,往往不能采用深挖方渠道,如沿等高线绕行,渠道线路过长,工程量仍然较大,而且增加了水头损失。在此情况下,可选择山岗单薄的地方凿洞而过。

(5)桥梁

渠道与道路相交,渠道水位低于路面,而且流量较大,水面较宽时,要在渠道上修建桥梁,以满足交通要求。

205. 哪些属于泄水建筑物?

泄水建筑物的作用在于排除渠道中的余水、坡面径流、入渠的洪水、渠道或渠系建筑物发生事故时的渠水,以保护渠道系统安全。常见的泄水建筑物有泄水闸、退水闸、溢洪堰等。泄水闸(或溢洪堰)一般修建在渠道重要建筑物或险工渠段上游,并与节制闸组成泄水枢纽;在干渠进水闸稍后的地方应设泄水闸。泄水闸底板应低于渠底。山丘地区泄水闸应根据坡水入渠情况,分段布设于山洪入渠的下游适当位置。退水闸一般设在较大的干、支渠末端。泄水建筑物应结合灌区排水系统统一规划,以便使泄水能就近排入沟、河。

206. 哪些属于衔接建筑物?

当渠道通过地势陡峻或地面坡度较大的地段时,为了保持渠道的设计比降和设计流速,防止渠道冲刷,避免深挖高填,减少渠道工程量,在不影响自流灌溉控制水位的原则下,可修建跌水、陡坡等衔接建筑物。

跌水是使渠道水流呈自由抛射状下泄的一种衔接建筑物,多用于跌差较小(一般小于 5 米)的陡坎处。跌水不应布置在填方渠段,而应建在挖方地基上。在丘陵山区,跌水应布置在梯田的堰坎处,并与梯田的进水建筑物联合修建。

陡坡是使渠道水流沿坡面急流而下的倾斜渠槽,一般在下述情况下选用。

(1)跌差较大,坡面较长,且坡度比较均匀时多用陡坡。

(2)陡坡段系岩石,为减少石方开挖量,可顺岩石墩面修建陡坡。

(3)陡坡地段土质较差,修建跌水基础处理工程量较大时,可修建陡坡。

(4)由环山渠道直接引出的垂直等高线的支、斗渠,其上游段没有灌溉任务时,可沿地面坡度修建陡坡。

一般来说,跌水的消能效果较好,有利于保护下游渠道安全输水;陡坡的开挖量小,比较经济,适用范围更广一些。具体选用时,应根据当地的地形、地质等条件,通过技术经济比较确定。

207. 量水建筑物的作用是什么?

灌溉工程的正常运行需要控制和量测水量,以便实施科学的用水管理。在各级渠道的进水口需要量测入渠水量,在末级渠道上需要量测向田间灌溉的水量,在退水渠上要量测渠道退泄的水量。一般可利用水闸等建筑物的水位、流量关系进行量水,但建筑物的变形以及流态不够稳定等因素会影响量水的精度。在现代化灌区建设中,要求在各级渠道进水闸下游,修建专用的量水建筑物或安装量水设备。量水堰是常用的量水建筑物,三角形薄壁堰、矩形薄壁堰和梯形薄壁堰在灌区量水中广为使用。巴歇尔量水槽也是广泛使用的一种量水建筑物,虽然结构比较复杂,造价较高,但壅水较小,行进流速对量水精度的影响较小,进口和喉道处的流速很大,泥沙不易沉积,能保证量水精度。

附录一　小型水库安全管理办法

第一章　总　则

第一条　为加强小型水库安全管理,确保工程安全运行,保障人民生命财产安全,依据《水法》、《防洪法》、《安全生产法》和《水库大坝安全管理条例》等法律、法规,制定本办法。

第二条　本办法适用于总库容10万立方米以上、1000万立方米以下(不含)的小型水库安全管理。

第三条　小型水库安全管理实行地方人民政府行政首长负责制。

第四条　小型水库安全管理责任主体为相应的地方人民政府、水行政主管部门、水库主管部门(或业主)以及水库管理单位。

农村集体经济组织所属小型水库安全的主管部门职责由所在地乡、镇人民政府承担。

第五条　县级水行政主管部门会同有关主管部门对辖区内小型水库安全实施监督,上级水行政主管部门应加强对小型水库安全监督工作的指导。

第六条　小型水库防汛安全管理按照防汛管理有关规定执行,并服从防汛指挥机构的指挥调度。

第七条　小型水库安全管理工作贯彻"安全第一、预防为主、综合治理"的方针,任何单位和个人都有依法保护小型水库安全的义务。

第二章 管理责任

第八条 地方人民政府负责落实本行政区域内小型水库安全行政管理责任人,并明确其职责,协调有关部门做好小型水库安全管理工作,落实管理经费,划定工程管理范围与保护范围,组织重大安全事故应急处置。

第九条 县级以上水行政主管部门负责建立小型水库安全监督管理规章制度,组织实施安全监督检查,负责注册登记资料汇总工作,对管理(管护)人员进行技术指导与安全培训。

第十条 水库主管部门(或业主)负责所属小型水库安全管理,明确水库管理单位或管护人员,制定并落实水库安全管理各项制度,筹措水库管理经费,对所属水库大坝进行注册登记,申请划定工程管理范围与保护范围,督促水库管理单位或管护人员履行职责。

第十一条 水库管理单位或管护人员按照水库管理制度要求,实施水库调度运用,开展水库日常安全管理与工程维护,进行大坝安全巡视检查,报告大坝安全情况。

第十二条 小型水库租赁、承包或从事其他经营活动不得影响水库安全管理工作。租赁、承包后的小型水库安全管理责任仍由原水库主管部门(或业主)承担,水库承租人应协助做好水库安全管理有关工作。

第三章 工程设施

第十三条 小型水库工程建筑物应满足安全运用要求,

不满足要求的应依据有关管理办法和技术标准进行改造、加固,或采取限制运用的措施。

第十四条 挡水建筑物顶高程应满足防洪安全及调度运用要求,大坝结构、渗流及抗震安全符合有关规范规定,近坝库岸稳定。

第十五条 泄洪建筑物要满足防洪安全运用要求。对调蓄能力差的小型水库,应设置具有足够泄洪能力的溢洪道或其他泄洪设施,下游泄洪通道应保持畅通。泄洪建筑物的结构及抗震安全应符合有关规范规定,控制设施应满足安全运用要求。

第十六条 放水建筑物的结构及抗震安全应符合有关规范规定。对下游有重要影响的小型水库,放水建筑物应满足紧急情况下降低水库水位的要求。

第十七条 小型水库应有到达枢纽主要建筑物的必要交通条件,配备必要的管理用房。防汛道路应到达坝肩或坝下,道路标准应满足防汛抢险要求。

第十八条 小型水库应配备必要的通信设施,满足汛期报汛或紧急情况下报警的要求。对重要小型水库应具备两种以上的有效通信手段,其他小型水库应具备一种以上的有效通信手段。

第四章 管理措施

第十九条 对重要小型水库,水库主管部门(或业主)应明确水库管理单位;其他小型水库应有专人管理,明确管护人员。小型水库管理(管护)人员应参加水行政主管部门组织的岗位技术培训。

第二十条 小型水库应建立调度运用、巡视检查、维修养护、防汛抢险、闸门操作、技术档案等管理制度并严格执行。

第二十一条 水库主管部门(或业主)应根据水库情况编制调度运用方案,按有关规定报批并严格执行。

第二十二条 水库管理单位或管护人员应按照有关规定开展日常巡视检查,重点检查水库水位、渗流和主要建筑物工况等,做好工程安全检查记录、分析、报告和存档等工作。重要小型水库应设置必要的安全监测设施。

第二十三条 水库主管部门(或业主)应按规定组织所属小型水库工程开展维修养护,对枢纽建筑物、启闭设备及备用电源等加强检查维护,对影响大坝安全的白蚁危害等安全隐患及时进行处理。

第二十四条 水库主管部门(或业主)应按规定组织所属小型水库进行大坝安全鉴定。对存在病险的水库应采取有效措施,限期消除安全隐患,确保水库大坝安全。水行政主管部门应根据水库病险情况决定限制水位运行或空库运行。对符合降等或报废条件的小型水库按规定实施降等或报废。

第二十五条 重要小型水库应建立工程基本情况、建设与改造、运行与维护、检查与观测、安全鉴定、管理制度等技术档案,对存在问题或缺失的资料应查清补齐。其他小型水库应加强技术资料积累与管理。

第五章　应急管理

第二十六条　水库主管部门(或业主)应组织所属小型水库编制大坝安全管理应急预案,报县级以上水行政主管部门备案;大坝安全管理应急预案应与防汛抢险应急预案协调一致。

第二十七条　水库管理单位或管护人员发现大坝险情时应立即报告水库主管部门(或业主)、地方人民政府,并加强观测,及时发出警报。

第二十八条　水库主管部门(或业主)应结合防汛抢险需要,成立应急抢险与救援队伍,储备必要的防汛抢险与应急救援物料器材。

第二十九条　地方人民政府、水行政主管部门、水库主管部门(或业主)应加强对应急预案的宣传,按照应急预案中确定的撤离信号、路线、方式及避难场所,适时组织群众进行撤离演练。

第六章　监督检查

第三十条　县级以上水行政主管部门应会同有关主管部门对小型水库安全责任制、机构人员、工程设施、管理制度、应急预案等落实情况进行监督检查,掌握辖区内小型水库安全总体状况,对存在问题提出整改要求,对重大安全隐患实行挂牌督办,督促水库主管部门(或业主)改进小型水库安全管理。

第三十一条　水库主管部门(或业主)应对存在的安全隐患明确治理责任,落实治理经费,按要求进行整改,限期消除安全隐患。

第三十二条　县级以上水行政主管部门每年应汇总小型水库安全监督检查和隐患整改资料信息，报上级水行政主管部门备案。县级以上水行政主管部门应督促并指导水库主管部门（或业主）加强工程管理范围与保护范围内有关活动的安全管理。

第七章　附　则

第三十三条　本办法自公布之日起施行。

附录二 全国中小河流治理和中小水库除险加固专项规划工作大纲

一、规划编制的必要性

由于受季风气候影响以及特殊的自然地理条件,我国洪涝灾害频繁,历来是中华民族的心腹之患。新中国成立以来,党中央、国务院一直高度重视防洪建设,开展了大规模的江河治理,特别是 1998 年以来,我国大江大河治理取得显著成效,大江大河干流防洪减灾体系基本形成,防御洪水能力明显增强。然而,绝大多数中小河流尚不具备抵御常遇洪水的能力,大部分大江大河主要支流以及重点独流入海、内陆河流尚没有进行系统治理,蓄滞洪区建设滞后,难以及时有效运用,已建工程标准低,险工险段多,防洪能力弱,险情频出。全国约有 70%的洪涝灾害发生在中小河流,防洪问题十分突出,对我国广大城镇和农村的防洪安全构成严重威胁,难以适应城乡统筹发展和社会主义新农村建设的要求。我国现有小型水库 8.2 万多座,这些水库大多建于 20 世纪 50—70 年代,建设标准低,老化失修严重,病险率高,尤其是小(2)型病险水库面广量大,存在严重安全隐患。此外,新出现的 233 座大中型病险水库也亟需进行除险加固。同时,全国涉及防洪安全的近 2800 座大中型水闸亟需除险加固,以消除安全隐患,确保工程正常运用。

今年入汛以来,全国极端灾害性天气突发多发,连续出现多次强降雨过程,暴雨强度大、分布范围广、灾害程度重。400多条河流发生大洪水或特大洪水,近 100 条中小河流出现了超过历史记录的大洪水，一些堤防发生漫堤、溃堤等严重险情和灾情。严重的洪涝灾害暴露出中小河流防洪能力低、小型水库病险率高等问题，已成为造成人员伤亡和财产损失的主要因素。加快推进中小河流治理和中小水库除险加固，对于保障人民群众生命财产安全，有效减轻洪涝灾害损失，改善民生和维护社会稳定，支撑经济社会可持续发展具有十分重要的作用。

近年来，为加强防洪工程建设，按照《中华人民共和国防洪法》等有关法律法规的要求，水利部会同有关部门编制完成了七大流域防洪规划并经国务院批准，对江河防洪体系建设进行了统筹安排。另一方面，针对中小河流治理、小型病险水库除险加固、洞庭湖治理等，水利部会同有关部门编制并印发了《全国重点地区中小河流近期治理建设规划》、《全国蓄滞洪区建设与管理规划》、《全国病险水库除险加固专项规划》、《东部地区重点小型病险水库除险加固规划》、《全国重点小型病险水库除险加固规划》等专项规划，编制了《洞庭湖区治理近期实施方案》，这些规划为全国中小河流治理和中小水库除险加固专项规划的编制提供了重要的规划基础。因此，在已有相关规划基础上，编制本专项规划，统筹安排和加快推进中小河流治理、洞庭湖鄱阳湖圩堤整治、中小型病险水库除险加固等建设十分必要和迫切。

二、指导思想与基本原则

（一）指导思想

全面贯彻落实科学发展观，按照国务院常务会议和《国务院关于切实加强中小河流治理和山洪地质灾害防治的若干意见》的精神，深入分析经济社会发展和应对气候变化对防洪的要求，认真总结多年来防洪建设经验，针对近年来尤其是今年洪涝灾害暴露出的防洪突出问题，以保障人民生命财产安全为根本，在继续加快大江大河治理的同时，以防洪薄弱地区为重点，以中小河流治理、江河主要支流、重点独流入海和内陆河流治理、洞庭湖、鄱阳湖重点圩垸整治与蓄滞洪区建设、中小型病险水库除险加固为核心内容，集中力量加快推进防洪建设，加强防洪工程管理，完善防洪减灾体系，提高抗御洪涝灾害的能力，有效减少洪水灾害伤亡人口和财产损失，保障经济社会的可持续发展。

（二）基本原则

坚持以人为本，保障安全。防洪建设要以保障人民群众生命财产安全为首要任务，最大限度减少人员伤亡和减轻洪涝灾害损失，改善人民群众生产、生活条件和人居环境，维护社会稳定，为经济社会可持续发展提供可靠的防洪安全保障。

坚持统筹兼顾，突出重点。按照国务院批复的相关规划，协调流域与区域防洪建设，工程措施和非工程措施相结合，针对防洪重点薄弱环节开展建设，重点加强人口集中、洪水威胁大、防洪要求迫切的区域防洪工程建设。

坚持遵循规划，加快建设。依据已批复的有关规划，充分考虑区域经济社会发展水平，合理确定工程建设规模和标准；加大投入，尽早启动，加快建设，防止"半拉子"工程，集中力量解决防洪重点薄弱环节的突出问题。

坚持科学治理，人水和谐。妥善处理防洪与河湖生态保护的关系，既要满足防洪减灾的需求，也要满足维护河湖健康的要求；尽量保持河湖自然形态，严格禁止挤占河道，保持行洪通道畅通。

坚持强化管理，注重效益。落实中央、地方责任，分级、分部门负责,加强指导和监督。严格项目审批和建设管理,确保工程质量和安全,加强工程的运行维护管理,保障工程良性运行,充分发挥工程效益。

(三)规划依据

法律法规。《中华人民共和国水法》、《中华人民共和国防洪法》、《中华人民共和国河道管理条例》等。

有关文件。《国务院关于切实加强中小河流治理和山洪地质灾害防治的若干意见》(国发〔2010〕31号)。

相关规划。《全国重点地区中小河流近期治理建设规划》、《全国蓄滞洪区建设与管理规划》、《全国病险水库除险加固专项规划》、《东部地区重点小型病险水库除险加固规划》、《全国重点小型病险水库除险加固规划》、各流域及省(自治区、直辖市)防洪规划及其他相关规划等。

技术标准和规范。《防洪标准》(GB 50201—94)、《堤防工程设计规范》(GB 50286—98)、《中国河流名称代码》(SL 249—1999)等。

(四)规划范围与水平年

1.规划范围

本专项规划的范围主要包括:流域面积在200~3000平方千米有防洪任务的中小河流;有防洪任务的大江大河主要支流、独流入海和内陆河重点河段;存在病险隐患的中小水库及大中型水闸;洞庭湖、鄱阳湖区重点圩垸;其他大江大河的蓄滞洪区,防洪非工程措施等。

2.规划水平年

规划基准年为2009年,规划水平年为2015年。

三、目标与重点任务

（一）规划目标

总体目标：中小河流防洪标准进一步提高，江河主要支流得到系统治理，防洪减灾体系薄弱环节的突出问题得到有效解决，江河防洪减灾体系进一步完善，因灾死亡人数大幅度降低，洪涝灾害损失进一步减少，经济社会可持续发展的防洪安全保障得到显著增强。

具体目标：用 5 年时间，治理 200~3000 平方千米中小河流约 5000 条，治理重要河段河长约 6 万千米。

全面推进流域面积 3000 平方千米以上有防洪任务的大江大河主要支流、重点独流入海和内陆河重点河段的防洪治理，使治理河段基本达到国家确定的防洪标准。

到 2012 年底前，完成重点小（1）型水库除险加固任务；到 2013 年底前，基本完成坝高 10 米以上且库容 20 万立方米以上的小（2）型水库除险加固任务；到 2015 年底前，基本完成其余小（2）型水库除险加固任务。基本完成大中型病险水闸除险加固任务，达到正常运用条件，恢复防洪功能。

力争到 2015 年底，基本完成洞庭湖、鄱阳湖重点圩垸围堤加固和安全建设，合理安排居民迁建，建成较为完备的防洪工程体系和有效的生命财产安全保障体系，实现"中小洪水不受灾、大洪水少受灾、特大洪水有计划分洪"。用 5 年时间，完成洞庭湖 22 个蓄洪垸及麻塘垸的堤防加固、8 个蓄滞洪区安全建设，实施华容河治理、尾闾疏浚工程；完成鄱阳湖二期、4 个蓄滞洪区安全建设；实施五河、四水尾闾河道疏浚等工程。全面完成长江城陵矶附近 100 亿立方米蓄滞洪区、淮河蓄滞洪区和海河重要蓄滞洪区等近期重点建设任务。加快其他大江大河的蓄滞洪区建设,使重点蓄滞洪区达到规划确定的防洪标准。

(二)重点任务

1.200～3000平方千米的重点地区中小河流治理

2012年底前,全面完成《全国重点地区中小河流近期治理建设规划》确定的2209条中小河流的重要河段治理任务,治理河长2.55万千米。2013—2015年,进一步治理约2900条重点地区中小河流的重点河段。

2.江河主要支流、重点独流入海和内陆河流治理

以堤防加高加固、河道整治等为主要内容,完成防洪任务重的江河主要支流、重点独流入海及内陆河流重点河段的治理任务。

3.病险水库除险加固

2010年底前,完成《全国病险水库除险加固专项规划》和《东部地区重点小型病险水库除险加固规划》中的6174座小型水库除险加固任务。抓紧实施《全国重点小型病险水库除险加固规划》,2012年完成规划的5400座小(1)型病险水库除险加固,现有的重点小(1)型病险水库除险加固全部完成。全面实施小(2)型病险水库除险加固,其中重点小(2)型病险水库1.5万余座,2013年底前基本完成除险加固任务。2015年前基本完成其余小(2)型病险水库除险加固任务。2013年前完成新出现的大中型病险水库除险加固。

4.洞庭湖、鄱阳湖重点圩垸整治及蓄滞洪区建设

重点加强洞庭湖、鄱阳湖重点圩垸及蓄滞洪区达标建设,力争在2015年前,完成洞庭湖22个蓄洪垸及麻塘垸的堤防加固、8个蓄滞洪区安全建设,实施华容河治理、尾闾疏浚工程;

完成鄱阳湖二期、4个蓄滞洪区安全建设；实施五河四水尾闾河道疏浚等工程。加快实施《全国蓄滞洪区建设与管理规划》，全面完成长江城陵矶附近100亿立方米蓄滞洪区、淮河蓄滞洪区和海河重要蓄滞洪区等近期重点建设任务，同时安排其他流域的蓄滞洪区建设。

5.大中型病险水闸除险加固

到2015年，基本完成《全国大中型病险水闸除险加固专项规划》确定的2721座老化失修严重、存在重大安全隐患的大中型病险水闸的除险加固任务，消除安全隐患，达到一类闸安全类别。

6.防洪非工程措施建设

加强国家防汛抗旱指挥系统建设，实施二期工程；加强水文基础设施建设，优化调整和完善水文站网，加强雨情水情的监测预报，提高水文监测和预报精度；编制和完善防御洪水预案，优化水库调度运用方案；加强重点中小水库防汛报警通讯工程和防汛应急指挥、抢险、救灾能力建设；建立健全洪水风险管理制度。

四、主要建设内容

（一）流域面积200～3000平方千米的中小河流治理

按照《全国重点地区中小河流近期治理建设规划》中小河流治理项目的选择原则，以洪涝灾害易发区为重点区域，以保护人口集中的城镇、乡村密集区域以及有集中连片农田的河段为治理重点。主要采取堤防加固和新建、河道清淤疏浚、护岸护坡等治理措施。各省（自治区、直辖市）2013—2015年治理的重点地区中小河流数量控制表见表1。

表 1　各省(自治区、直辖市)2013---2015 年治理的
重点地区中小河流数量控制表

省级行政区	现有规划治理数	2013－2015 年新增河流控制数	合计
合计	2209	2926	5135
北京		20	20
天津	4	6	10
河北	64	60	124
山西	29	60	92
内蒙古	74	70	144
辽宁	37	90	127
吉林	47	90	137
黑龙江	87	70	157
上海		10	10
江苏	85	100	185
浙江	43	140	183
安徽	84	140	224
福建	53	140	193
江西	82	140	222
山东	89	130	219
河南	101	130	231
湖北	86	160	246
湖南	160	170	330
广东	60	150	210
广西	161	110	271
海南	15	30	45
四川	185	140	325
贵州	257	100	354
云南	80	130	210
西藏	41	50	91
重庆	48	100	148
陕西	56	80	136
甘肃	86	80	166
青海	12	60	72
宁夏	19	50	69
新疆	49	80	129
新疆兵团	15	40	55

注：

1、该表为各省(自治区、直辖市)及新疆生产建设兵团2013～2015年治理的重点地区中小河流数量上限控制值。

2、表中"现有规划治理数"是指《全国重点地区中小河流近期治理建设规划》确定的中小河流数目。

2013—2015年中小河流治理基本情况表和项目汇总表见附表1(略)、附表2(略)，各省(自治区、直辖市)在填报项目的时候要按照轻重缓急做好项目排序。

(二)江河主要支流、重点独流入海和内陆河治理

按照流域和区域防洪问题比较突出、洪涝灾害比较严重，保护对象比较重要，保护区内人口较多、粮食产量大、有重要基础设施，以及近年来发生过较大洪水的选择原则，区分轻重缓急，选择江河主要支流、重点独流入海和内陆河的重点河段进行集中治理。根据国务院批复的七大流域防洪规划，将防洪规划中流域面积3000平方千米以上的主要支流纳入本次专项规划名录，并按照上述原则做好排序。有防洪任务的重点独流入海和内陆河流数量控制为39条，各流域机构具体条数见表2，由流域机构根据上述原则进行筛选和排序。

各流域江河主要支流、重点独流入海和内陆河名录和治理项目汇总表见附表3(略)和附表4(略)。各流域江河主要支流、重点独流入海和内陆河重点治理河段位置示意图见附图1(略)，图件绘制具体技术要求另行下发。

表2 各流域机构重点独流入海和内陆河数量控制表

流域机构	河流条数
长委	5
黄委	10
淮委	2
珠委	6
松辽委	6
太湖局	10
合计	39

注：

1.该表为各流域机构重点独流入海河流和内陆河流数量上限控制值。

2.表中独流入海河流和内陆河是指七大流域以外的其他河流,包括东南诸河、西南诸河、西北诸河、西藏内陆河、海南岛水系、胶东半岛水系、辽宁沿海诸河水系等。

3.海委涉及的滦河水系、徒骇马颊河水系等独流入海河流已列入海河流域防洪规划,按主要支流规划名录填报,不再分配名额。

（三）病险水库除险加固

重点小（1）型病险水库除险加固项目选择原则:完成注册登记、安全鉴定结论为三类坝的水库。其中,1998年及以后建成或进行过除险加固的水库不纳入规划。

重点小（2）型病险水库除险加固项目选择原则:水库完成注册登记,坝高10米以上且总库容20万立方米以上,水库溃坝后对下游乡镇、村庄、基础设施等防洪安全有重大影响、位于暴雨集中地区或历史上曾经出现险情,安全鉴定或安全评价结论为三类坝的重点小（2）型水库。

对于近年来新出现的大中型病险水库，按照现行的大中型病险水库除险加固投资政策和项目管理办法，逐座履行基本建设程序，于2013年底前完成除险加固任务。

病险水库除险加固重点安排直接关系水库工程安全运行的挡水建筑物、泄水建筑物、输水建筑物、基础及两岸坝肩加固处理，以及与运行安全有关的机电及金属结构等更新改造。不列入取（引）水配套等设施改造，原则上不新增永久移民占地。

小型病险水库除险加固、大中型病险水库除险加固项目，各流域机构和各省（自治区、直辖市）不再填报。

（四）洞庭湖、鄱阳湖重点圩垸整治及蓄滞洪区建设

洞庭湖、鄱阳湖重点圩垸整治以重点圩垸、蓄洪垸以及人口集中的保护区为重点，优先选择在流域、区域防洪体系中具有重要作用及效益显著的项目。力争在2015年前，完成洞庭湖22个蓄洪垸及麻塘垸的堤防加固、8个蓄滞洪区安全建设，实施华容河治理、尾闾疏浚工程，完成鄱阳湖二期、4个蓄滞洪区安全建设，实施五河、四水尾闾河道疏浚等工程。蓄滞洪区建设以蓄滞洪区工程设施和安全设施建设为重点，根据《全国蓄滞洪区建设与管理规划》，加快使用频繁、洪水风险较高、防洪作用突出的蓄滞洪区建设，全面完成长江城陵矶附近100亿立方米蓄滞洪区、淮河蓄滞洪区和海河重要蓄滞洪区等近期重点建设任务，同时安排其他流域的蓄滞洪区建设，建立较为完善的蓄洪控制体系和可靠的生命财产安全保障体系，确保重要蓄滞洪区和使用较频繁的蓄滞洪区能够有效安全启用。

洞庭湖、鄱阳湖重点圩垸治理项目汇总表见附表5(略)，各流域机构在填报项目的时候要按照轻重缓急的原则，对填报项目进行排序。

(五)大中型病险水闸除险加固

重点对老化失修严重、存在重大安全隐患的大中型水闸进行除险加固。项目选择原则：已进行注册登记，经安全鉴定确定为三类闸或四类闸，最大过闸流量超100米^3/秒；除因地震、超标准洪水等不可抗拒的自然因素造成的病险水闸外，主要安排建成年限在15年以上且1999年以来未进行过全面除险加固的水闸。船闸、水库、水电站的输水泄水闸及橡胶坝等不纳入专项规划。

对安全鉴定为三类的水闸，根据水闸的不同特点和病险原因，提出科学、经济、合理的加固设计方案，消除病险。对安全鉴定为四类的水闸，原则上按原标准、原规模、原闸址进行拆除重建，尽量不新增占地；对确需提高防洪标准、工程规模、异地重建的病险水闸(流域规划已明确的除外)，应进行可行性研究论证，并报上级主管部门审批。水闸除险加固重点安排直接关系主体工程安全的闸室结构、地基基础加固处理，以及与运行安全有关的闸门、启闭设备的修复和更新改造。根据工程需要，设置必要的管理及监测设施，严格控制非生产性管理设施。

大中型病险水闸除险加固项目汇总表见附表6(略)。

(六)防洪非工程措施建设

确定水文测站布局，提出中小水库防汛报警通信系统建设方案,优化水库调试运用方案的原则,确定国家防汛抗旱指挥系统建设二期工程主要建设内容,建立洪水风险管理制度,提高洪水资源化水平,提出洪水管理科学技术研究的有关建议,以及洪水保险制度的设想和实施步骤。绘制省(自治区、直辖市)水文站、水位站、雨量站分布示意图。

1.水文建设

加强水文基础设施建设,优化调整和完善水文站网,加强雨情水情的监测预报,提高水文监测和预报精度,具体内容以补充完善雨量监测站点为重点,辅以必要的水文站、水位站建设,结合解决中小河流水文监测空白区问题,建成覆盖我国中小河流水文监测网络,提高中小河流的水文信息采集、传输和洪水预报能力。

(1)站点布设原则

雨量站布设原则:100平方千米以上的河流按平均100平方千米流域面积设1个雨量站,100平方千米以下50平方千米以上河流设1个雨量站,50平方千米以下的河流人口较密集的地区应设1个雨量站,暴雨中心区域的雨量站网要加密布设。

水位站布设原则:重点防护区和重要防护目标上游必须设立水位站,水位站的设立必须确保洪水从水位站到重要防护目标有一定传播时间,传播时间应大于等于信息采集时间、分析处理并决策时间、预警时间与人员转移处置时间之和,一般要求至少有30分钟的预见期。并与原有的水文站和水位站共同构成水文信息采集体系。

水文站布设原则:易发生溪河洪水灾害的小流域,集水面积在 100 平方千米以上的河流需布设水文站。

(2)建设标准

雨量站：采用自动监测方式，具有现场存储和无线传输功能。测站通信方式以 GSM/GPRS 为主，公网未覆盖地区采用北斗卫星通信方式。对新建或改造的雨量站，根据当地实际情况采用一体化杆式雨量装置、筒式雨量装置，条件允许也可采用雨量观测场或直接放置于屋顶等方式。

水位站：采用自动监测方式，具有现场存储和无线传输功能，并配置人工观测水尺，作为校测手段；测站通信方式以 GSM/GPRS 为主，公网未覆盖地区采用北斗卫星通信方式；防洪标准为 30 年一遇至 50 年一遇，应能测记本站最高洪水位以上 1.0 米，水位自记设施应能测记到最高洪水位。

水文站建设标准：根据水文站测站特性和测报任务等要求，确定建设水文缆道、测船或桥测设施；具备条件的水文站，配备走航式多普勒剖面流速仪或哨兵型多普勒流速仪，并辅之以 GPS 定位，配备微机测流系统，提高流量测验自动化水平；防洪标准为 30 年一遇至 50 年一遇，对超出测洪标准的特大洪水，有应急测洪措施。

水情中心：省水情中心和水情分中心直接利用国家防汛指挥系统的中心、分中心，各监测站水情信息直接发送到就近或管辖的水情分中心。各中心配置必要的接收处理设备、接收处理软件、数据转发软件等。

已实施的中小河流（洪水易发区）水文监测一期建设工程中的水文、雨量站点不列入本规划，已纳入《全国水文基础设施建设"十二五"规划》中的中小河流（洪水易发区）水文监测二期建设工程的相关水文、雨量站点一并列入本规划。

2.通信建设

加快中小型水库报警通信设施建设,通过综合运用专网、公网等技术手段,因地制宜地制定切实可行、可靠的水库通信方案,使所有中小型水库都具备一种可靠的报警通信手段和水文测报设施,其中,中型水库、小（1）型水库和病险小（2）型水库要具备两套互为有效备用的报警通信手段,从根本上扭转中小型水库通信落后状况,及时掌握水库的雨情、水情和工情,提高洪水预报精度,延长预见期,确保中小型水库能及时报险预警,为保证人民生命财产安全提供技术保障。

五、投资估算与资金筹措

1.投资估算。项目投资应采用国家和有关部委现行相关费用标准为依据,根据项目建设内容进行投资估算;对已有前期工作的项目,以前期工作提出的投资为准,其他项目可根据实际情况进行估算。同类型项目应由各省（自治区、直辖市）进行统一平衡,单位投资要合理。投资估算的价格水平统一到2010年下半年水平。

各项目新增移民和占地投资应单列。

2.资金筹措。提出分类建设项目资金筹措方案。投资超过3000万元的大中型项目,应履行国家相关建设项目审批程序。

3.年度实施安排。应根据项目的轻重缓急和资金筹措情况,对项目进行排序,按项目的合理工期,提出2011—2015年年度实施安排。

六、规划实施效果评价

从社会、经济、环境等角度，评价规划实施后的社会效益、经济效益和生态效益，综合评价规划实施对经济社会可持续发展的整体作用。

七、环境影响评价

通过对水质、人群健康、生态环境、群众的生产生活的现状评价和规划水平年预测评价，进行环境影响分析和评价，提出有针对性的环境保护对策措施。

八、政策建议和保障措施

提出中小河流治理和中小水库除险加固、山洪灾害防治、易灾地区水土流失综合治理的相关政策建议、实施机制及保障措施。

九、组织形式与进度计划

（一）组织形式

由规计司牵头，财务司、建管司、国家防办、水文局、水规总院参加。

流域面积 200 ～ 3000 平方千米的重点地区中小河流治理。规计司具体负责，各省（自治区、直辖市）水行政主管部门提交本省级行政区的中小河流治理规划成果。

江河主要支流、重点独流入海和内陆河流治理。规计司具体负责,各流域机构会同流域内相关省(自治区、直辖市)水行政主管部门提交规划成果。

中小型病险水库和大中型病险水闸除险加固。建管司具体负责,各省(自治区、直辖市)水行政主管部门提交规划成果。

洞庭湖、鄱阳湖重点圩垸整治及蓄滞洪区建设。规计司具体负责,长江委会同湖南、湖北、江西省提交两湖重点圩垸整治及城陵矶附近100亿立方米蓄滞洪区建设规划成果;淮委、海委会同流域内相关省水行政主管部门提出蓄滞洪区建设规划成果。

防洪非工程措施建设。国家防办、水文局具体负责,会同各流域机构、各省(自治区、直辖市)水行政主管部门提出规划成果。

(二)进度计划

各流域机构和各省(自治区、直辖市)于2010年11月15日前提交相关成果,2010年11月25日前提交《全国中小河流治理和中小水库除险加固专项规划》报告。